Zur Einführung
der Bibliothek des Radio-Amateurs.

Schon vor der Radio-Amateurbewegung hat es technische und sportliche Bestrebungen gegeben, die schnell in breite Volksschichten eindrangen; sie alle übertrifft heute bereits an Umfang und an Intensität die Beschäftigung mit der Radio-Telephonie. Die Gründe hierfür sind mannigfaltig. Andere technische Betätigungen erfordern nicht unerhebliche Voraussetzungen. Wer z. B. eine kleine Dampfmaschine selbst bauen will — was vor zwanzig Jahren eine Lieblingsbeschäftigung technisch begabter Schüler war —, benötigt einerseits viele Werkzeuge und Einrichtungen, muß andererseits aber auch ein guter Mechaniker sein, um eine brauchbare Maschine zu erhalten. Auch der Bau von Funkeninduktoren oder Elektrisiermaschinen, gleichfalls eine Lieblingsbetätigung in früheren Jahrzehnten, erfordert manche Fabrikationseinrichtung und entsprechende Geschicklichkeit.

Die meisten dieser Schwierigkeiten entfallen bei der Beschäftigung mit einfachen Versuchen der Radio-Telephonie. Schon mit manchem in jedem Haushalt vorhandenen Altgegenstand lassen sich ohne besondere Geschicklichkeit Empfangsresultate erzielen. Der Bau eines Kristalldetektorempfängers ist weder schwierig noch teuer, und bereits mit ihm erreicht man ein Ergebnis, das auf jeden Laien, der seine ersten radiotelephonischen Versuche unternimmt, gleichmäßig überwältigend wirkt: Fast frei von irdischen Entfernungen, ist er in der Lage, aus dem Raum heraus Energie in Form von Signalen, von Musik, Gesang usw. aufzunehmen.

Kaum einer, der so mit einfachen Hilfsmitteln angefangen hat, wird von der Beschäftigung mit der Radio-Telephonie loskommen. Er wird versuchen, seine Kenntnisse und seine Apparatur zu verbessern, er wird immer bessere und hochwertigere Schaltungen ausprobieren, um immer vollkommener die aus dem Raum kommenden Wellen aufzunehmen und damit den Raum zu beherrschen.

IV   Zur Einführung der Bibliothek des Radio-Amateurs.

Diese neuen Freunde der Technik, die „Radio-Amateure", haben in den meisten großzügig organisierten Ländern die Unterstützung weitvorausschauender Politiker und Staatsmänner gefunden unter dem Eindruck des universellen Gedankens, den das Wort „Radio" in allen Ländern auslöst. In anderen Ländern hat man den Radio-Amateur geduldet, in ganz wenigen ist er zunächst als staatsgefährlich bekämpft worden. Aber auch in diesen Ländern ist bereits abzusehen, daß er in seinen Arbeiten künftighin nicht beschränkt werden darf.

Wenn man auf der einen Seite dem Radio-Amateur das Recht seiner Existenz erteilt, so muß naturgemäß andererseits von ihm verlangt werden, daß er die staatliche Ordnung nicht gefährdet.

Der Radio-Amateur muß technisch und physikalisch die Materie beherrschen, muß also weitgehendst in das Verständnis von Theorie und Praxis eindringen.

Hier setzt nun neben der schon bestehenden und täglich neu aufschießenden, in ihrem Wert recht verschiedenen Buch- und Broschürenliteratur die „Bibliothek des Radio-Amateurs" ein. In knappen, zwanglosen und billigen Bändchen wird sie allmählich alle Spezialgebiete, die den Radio-Amateur angehen, von hervorragenden Fachleuten behandeln lassen. Die Kopplung der Bändchen untereinander ist extrem lose: jedes kann ohne die anderen bezogen werden, und jedes ist ohne die anderen verständlich.

Die Vorteile dieses Verfahrens liegen nach diesen Ausführungen klar zutage: Billigkeit und die Möglichkeit, die Bibliothek jederzeit auf dem Stande der Erkenntnis und Technik zu erhalten. In universeller gehaltenen Bändchen werden eingehend die theoretischen Fragen geklärt.

Kaum je zuvor haben Interessenten einen solchen Anteil an literarischen Dingen genommen wie bei der Radio-Amateurbewegung. Alles, was über das Radio-Amateurwesen veröffentlicht wird, erfährt eine scharfe Kritik. Diese kann uns nur erwünscht sein, da wir lediglich das Bestreben haben, die Kenntnis der Radiodinge breiten Volksschichten zu vermitteln. Wir bitten daher um strenge Durchsicht und Mitteilung aller Fehler und Wünsche.

Dr. Eugen Nesper.

Vorwort zur zweiten Auflage.

Eine kaum geahnte Schnelligkeit in der Ausbreitung der Amateurbewegung und des Rundfunkgedankens mit dem damit verbundenen Fortschritt der Radio-Technik machte, nachdem die erste Auflage in kurzer Zeit vergriffen war, eine völlige Neubearbeitung und Erweiterung des Bändchens notwendig. Die zweite Auflage bringt, neben dem erweiterten wesentlichen Inhalt der ersten Auflage, für den Rahmenempfang besonders geeignete Hochfrequenzverstärkerschaltungen, wie Reflexschaltungen, Hochfrequenztransformatorenkopplung und Sperrkreisschaltungen. Auch ein Transponierungs-Empfänger ist gesondert behandelt. Außerdem werden hiermit im Zusammenhang stehende Hilfsgeräte, wie der Wellenmesser, Prüfungskreis, beschrieben.

So übergebe ich dieses Bändchen der Öffentlichkeit in der Hoffnung, der Amateur- und Rundfunkbewegung weitere und ernsthaft arbeitende Freunde zu werben und zu erhalten.

Dem Verlag spreche ich auch an dieser Stelle für das große Entgegenkommen bei der Durchführung und die erstklassige Ausarbeitung der Skizzen und Abbildungen meinen Dank aus.

Im Mai 1925.

Max Baumgart.

Inhaltsverzeichnis.

Seite

Allgemeines 1
I. Einführung 1
II. Empfangsanlagen, insbesondere mit Rahmen 3
III. Bau von Rahmenempfangsanlagen mit Hochfrequenzverstärkern 7
   1. Rahmenempfang für Wellen über 1500 m 9
     a) Zweifach-Hochfrequenzverstärker mit Rahmen 9
        α) Schaltbild 9
        β) Rahmen 9
        γ) Der Hochfrequenzverstärker (Bauanleitung) 13
     b) Vierfach-Hochfrequenzverstärker nach Baumgart 25
   2. Rahmenempfang für Rundfunkwellen 29
     a) Dreifach-Hochfrequenzverstärker nach Baumgart 29
     b) Vierfach-Hochfrequenzverstärker mit zweifach Niederfrequenzverstärkung 31
     c) Vierfach-Hochfrequenzverstärker, apkriodisch gekoppelt . . 34
     d) Vierfach-Hochfrequenzverstärker, Sperrkreisschaltung . . . 38
     e) Superregenerativ-Empfänger 40
     f) Der Neutrodyne-Empfänger 45
     g) Zweiröhren Reflex-Empfänger 49
     h) Transponierungs-Empfänger 52
     i) Empfang mit der Hoch- oder Zimmerantenne 59
   3. Zubehör und Hilfsgeräte 61
     a) Doppelkopfhörer 61
     b) Die Heizbatterie 62
     c) Die Anodenbatterie 64
     d) Meß- und Prüfgeräte 68
     e) Der Wellenmesser 71
Die Inbetriebnahme 73

Bezeichnungen der Radio-Telegraphie und -Telephonie.

=|-	Galvanisches Element, Akkumulator, Batterie.		Induktor (Resonanzinduktor).
⊙	Gleichstrommaschine.		Transformator, Hochfrequenztransformator.
⊖	Wechselstrommaschine.		Funkenstrecke für seltene Funkenentladungen.
⊖	Hochfrequenzmaschine, Hochfrequenzquelle.		
	Regulierbarer Schiebekontakt.		Löschfunkstrecke (Stoßfunkenstrecke).
	Steckkontakt.		
	Klemmenanschluß.		Lichtbogengenerator.
	(Ohmscher) Widerstand.		Entladestrecke für ideale Stoßerregung.
	Eisen-Wasserstoffwiderstand.		
			Vakuumröhre (Kathodenröhre).
	Luftdrossel.		
	Eisendrossel.		Unveränderliche Selbstinduktionsspule.
	Tonspule.		Honigwabenspule (Honeycombcoil).
	Schalter.		Veränderliche Selbstinduktionsspule, Schiebespule, Variometer.
	Mehrpoliger Schalter.		Kopplung.
	Taster.	-||-	Unveränderlicher Kondensator, Blockkondensator.
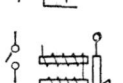	Unterbrecher, Ticker.		Veränderlicher Kondensator, Drehplattenkondensator.
	Transformator.		Pendelkondensator.

VIII   Bezeichnungen der Radio-Telegraphie und -Telephonie.

Indikationsinstrument, Galvanometer, Amperemeter, Voltmeter.

Geißler- (Helium-, Neon- usw.) Röhre.

Kohärer.

Kristalldetektor.

Elektrolytische Zelle.

Thermoelement.

Mikrophon.

Telephon.

Lautsprecher.

Schreibapparat.

Relais.

Geerdete Antenne.

Schwach strahlende Antenne Schirmantenne.

Starkstrahlende Antenne

Antenne mit Gegengewicht

Spulen- (Rahmen-) Antenne.

Erde.

In sich geschlossene Apparatur.

Niederfrequenzverstärker.

Mittelfrequenzverstärker.

Hochfrequenzverstärker.

Zweifach-Hochfrequenzverstärker.

Dreifach-Hochfrequenzverstarker.

Schwebungszusatzapparat (Überlagerer).

Halbperiodige Schwingung.

T = Schwingungsdauer.
A = Wellenlänge.

R = Resonanzpunkt.

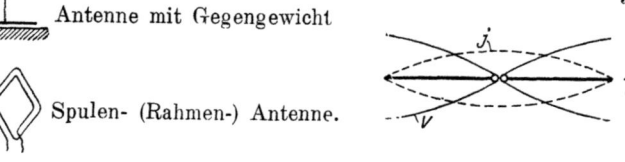

J = Strom, magnetische Feldintensität.
V = Spannung, elektrische Feldintensität.

Allgemeines.

Auf das Wesen der drahtlosen Übermittlung von Sprache, Musik und Zeichen näher einzugehen, ist nicht Aufgabe dieses Werkchens. Es existiert hierüber eine gute und für jeden gebildeten Laien mit allgemeinen elektrotechnischen und physikalischen Kenntnissen verständliche, umfangreiche und auch gedrängte Literatur. Ich erwähne nur: „Die Welt um Nauen" von Arthur Fürst und als besonders preiswert und doch mit guten Abbildungen, auch von gutem, verständlichen Inhalt: Hanns Günther: „Wellentelegraphie, ein radiotechnisches Praktikum", Stuttgart, Verlag Franckh. Das Buch ist besonders geeignet, allgemeine Vorkenntnisse in leichtverständlicher Darbietung dem Leser zu vermitteln. Dem weiter fortgeschrittenen Radioamateur und dem angehenden Ingenieur wird das Buch „Der Radio-Amateur" von Dr. Eugen Nesper, erschienen im Verlag von Julius Springer, ein nicht versagender Berater sein.

I. Einführung.

Durch einen Schwingungskreis mit entsprechenden elektrischen Größen, der Selbstinduktion Sv, dem Kondensator Gv und dem Energieerzeuger der hochfrequenten Wechselströme H, wird vermittels eines Drahtgebildes, der Antenne, der diese umgebende Äther angestoßen und in Schwingungen versetzt (Abb. 1). Diese Schwingungen, die sich mit Lichtgeschwindigkeit fortpflanzen (300 000 km/Sek.), können dauernd sein, jedoch auch, z. B. im Rhythmus der Morsezeichen, unterbrochen werden. Durch die Antenne werden also Ätherwellen erregt, deren Schwingungszahl, Frequenz, oder wie man es fachmännisch ausdrückt „Wellenlänge", durch die elektrischen Abmessungen gekennzeichnet sind. In der Praxis ist die Einrichtung so getroffen, daß man die elektrischen Größen „Selbstinduktion" und „Kapazität" durch einfache Hebel- oder Knopfbetätigung bequem ändern kann und somit in

2　Einführung.

der Lage ist, schnell eine gewünschte Wellenlänge zur Ausstrahlung zu bringen.

$$\text{Wellenlänge} = \frac{\text{Fortpflanzungsgeschwindigkeit der Elektrizität}}{\text{Frequenz (Schwingung, Periode)}}$$

z. B. $\dfrac{300\,000 \text{ km/sec}}{1\,000\,000} = 0{,}3 \text{ km} = 300 \text{ m Wellenlänge}.$

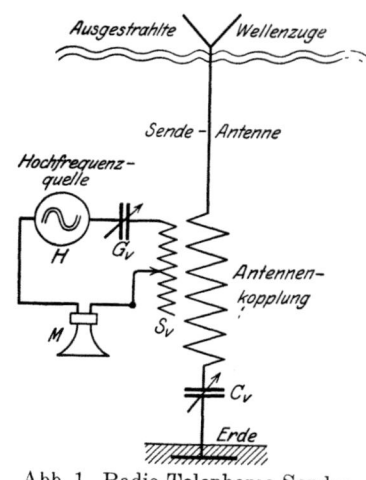

Abb. 1. Radio-Telephonie-Sender.

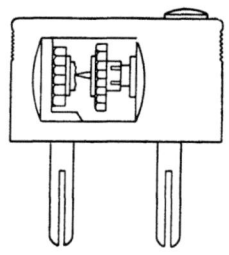

Abb. 2. Kristalldetektor.

Da wir Menschen kein Organ haben, welches uns die elektrischen Schwingungen, wie z. B. durch unsere Augen die Lichtwellen, aufzunehmen gestattet, so müssen wir Einrichtungen verwenden, die uns die Erkennung der ausgestrahlten Wellen vermitteln. Diese Mittel haben wir in den Detektoren der Empfangseinrichtungen. Man verwendete vor nicht zu langer Zeit ausschließlich Kristalldetektoren. Diese bestehen z. B. aus einem Stückchen Silizium, auf das leicht eine Silber-, Platin-, Gold- oder Graphitspitze aufliegt (Abb. 2). Derartige Detektoren sind verhältnismäßig unempfindlich und verlangen große Empfangsenergien. Erst durch Einführung der Kathodenröhre (Abb. 3) hat man einen großen Fortschritt auf dem gesamten Gebiete der Radiotechnik gemacht. Besonders für die Empfangsanlagen wird in modernen Geräten ausschließlich die Röhre angewendet, die nicht nur ein guter Wellen-

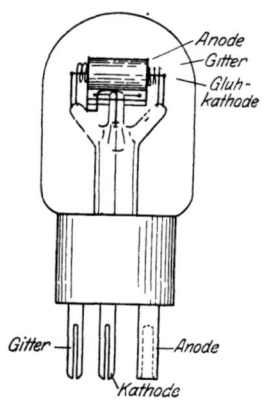

Abb. 3. Kathodenrohre.

indikator ist, sondern darüber hinaus noch die ankommende Welle erheblich verstärkt. Allerdings stellt das Arbeiten mit der Röhre eine größere Anforderung an den Bastler und Radioamateur. Darin sollte jedoch gerade der Anreiz liegen, sich die nötigen Kenntnisse anzueignen, der Erfolg wird alle Mühen vielfältig lohnen.

Wie die Sendeanlage besteht auch die **Empfangsseite** aus der Antenne, dem Schwingungskreis, aus Selbstinduktion und Kapazität und (als Anzeigemittel) dem Detektor, zum Nachweis der ankommenden Welle. Ist der Empfanger auf den Erzeuger der Wellen, den Sender, „abgestimmt", oder wie man auch sagt, „in Resonanz", so werden wir in dem Telephon, welches mit Ausnahme einiger Spezialfälle, die uns hier nicht interessieren, zum Abhören verwendet wird, die ankommenden Wellenzüge aufnehmen können.

Die elektrischen Wellen induzieren in dem abgestimmten, d. h. in dem sich mit dem Sender in „Resonanz" befindenden Empfänger Ströme, und zwar hochfrequente, der ankommenden Welle entsprechende Wechselströme, die im Detektor gleichgerichtet und in Hörfrequenz umgewandelt werden. Diese pulsierenden Gleichströme haben ungefähr die Frequenz 1000 und erregen somit im Telephon einen Ton, der markant ist und leicht von den Störgeräuschen unterschieden werden kann.

Auf Einzelheiten kann hier aus Zweckmäßigkeitsgründen nicht näher eingegangen werden, es sei jedoch gesagt, daß mit derartigen Anordnungen auch ohne weiteres Musik und Sprache aufgenommen werden können.

II. Empfangsanlagen, insbesondere mit Rahmen.

Empfangsanlagen sind je nach den Ansprüchen und je nach dem Zweck in einfachster Weise anzufertigen. Der Detektorempfang steht in bezug auf Einfachheit und Preiswürdigkeit an erster Stelle (Abb. 4).

Doch darf man an derartige Anordnungen keine großen Anforderungen an Reichweite und Lautstärke stellen; wesentlich dabei ist eine gute und große Antenne. Weit Besseres läßt sich mit der Röhre als Detektor, „Audion" genannt, erreichen, doch ist auch hier eine zweckentsprechende Antenne nötig (Abb. 5).

Alle diese Empfangseinrichtungen bedingen eine gute Erdung.

4 Empfangsanlagen, insbesondere mit Rahmen.

Durch Einführung der Kathodenröhre, die auf dem gesamten Sende- und Empfangs- sowie Verstärkungsgebiet eine vollkommene Umwälzung gebracht hat, ist man in die Lage versetzt worden, von einer Antennenform praktischen Gebrauch zu machen, die bis dahin nur Laboratoriumswert hatte, nämlich von der Rahmenantenne (Abb. 9).

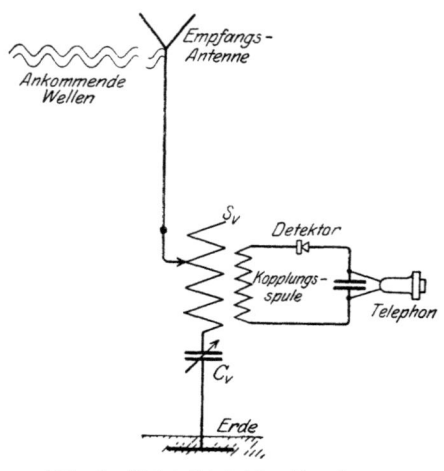

Abb. 4. Kristalldetektor-Empfänger.

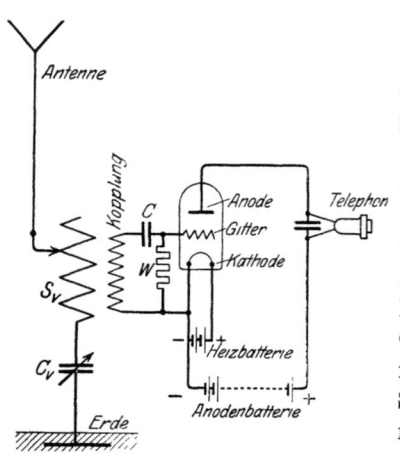

Abb. 5. Audion-Empfänger.

Die Rahmenantenne bedeutet eine große Vereinfachung der Empfangsanordnung, indem sie die Hochantenne vermeidet und gestattet, auf kleinstem Raume im Zimmer, ohne jede Erdung gute Empfangsresultate zu erzielen. Sie hat gegen die Hochantenne mit Erdung den Vorteil einer fast absoluten Störungsfreiheit durch atmosphärische Entladungen, sowie großer Selektivität und bietet durch ihre Richtwirkung die Möglichkeit, unerwünschte Sender aus dem Hörbereich zu bringen. Diese Rahmenantenne ist ein ideales Gerät für den Amateur, der mit ihrer Hilfe die mannigfachsten Studien und Experimente, machen und sich ein Feld anregendster Versuchstätigkeit erschließen kann. Auch wird die ganze Empfangsanordnung durch den Rahmen transportabel.

Während die Hochantenne durch die elektrische Komponente der Wellen induziert wird, sind es beim Rahmen die magnetischen Wellen, welche diesen erregen. Die geringe Aufnahmeenergie des

Rahmens macht die direkte Verwendung des Kristalldetektors zur Unmöglichkeit. Die Empfangsenergie liegt schon bei geringer Entfernung vom Sender weit unter der Reizschwelle dieser Detektoren, so daß auch eine nachträgliche Niederfrequenzverstärkung beliebigen Grades die Anlage nicht zum Ansprechen bringen kann.

In der Kathodenröhre haben wir nun ein Mittel, welches uns gestattet, auch die geringsten Empfangsenergien aufzunehmen und beliebig zu verstärken, indem man einfach die Anzahl der Röhren vermehrt (Kaskadenschaltung).

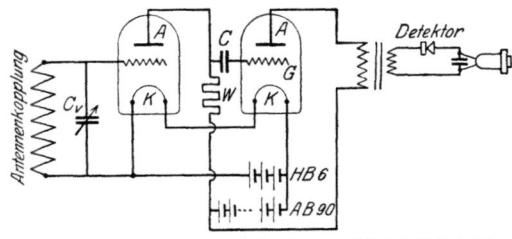

Abb. 5a. Hochfrequenzverstärker mit Kristalldetektor.

Da in diesem Falle die in der Antenne induzierten, also hochfrequenten Wechselströme direkt verstärkt werden, so spricht man hier von einer „Hochfrequenzverstärkung". Um diese verstärkten hochfrequenten Wechselströme im Telephon für unser Ohr wahrnehmbar zu machen, muß man diese nach genügender Verstärkung gleichrichten, resp. die Frequenz auf Hörfrequenz bringen. Dies geschieht entweder durch Schaltung der letzten Röhre als „Audion" (Abb. 6) oder mittels eines Kristalldetektors (Abb. 5a).

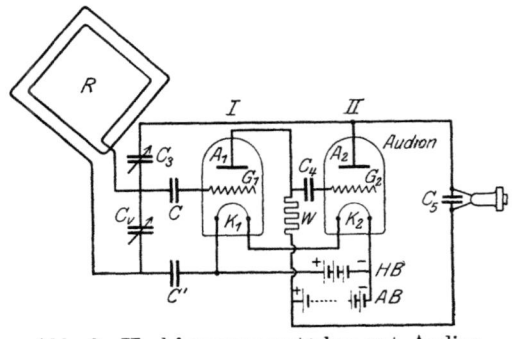

Abb. 6. Hochfrequenzverstärker mit Audion.

Um noch größere Lautstärken oder bei gleicher Lautstärke größere Reichweiten zu erzielen, kann man unter Benutzung eines Zwischentransformators an Stelle des Empfangstelephons einen „Niederfrequenzverstärker" anschalten.

Die Aufnahme von Wellen über etwa 1000 m mit Rahmen gelingt nahezu mühelos (der Verfasser hat mittels Rahmen von

von 25 cm Kantenlänge (Abb. 7) und 4 Röhren Hochfrequenz in Widerstandskopplung mittels Drosseln inmitten Berlins und in Wien die Zeitzeichen des Eiffelturms mühelos aufgenommen), jedoch stellt der Empfang von Wellen darunter, insbesondere der Rundfunkwellen, größere Anforderungen an den Amateur und

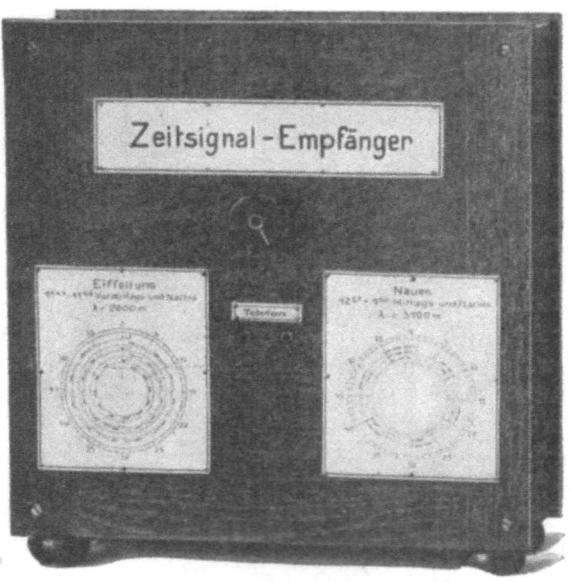

Abb. 7. Zeitsignal-Empfänger nach Baumgart.

die Apparatur. Geräte mit Widerstandskopplung, sei es durch Silitstäbe oder Drosseln, machen bei großen Wellenlängen fast keine Schwierigkeiten. Die Größe der Drosseln ist nicht sehr kritisch, und auch die Kopplung mit Silitstäben bringt gute Resultate. Anders liegt die Sache bei den Rundfunkwellen von etwa 300—700 m. Hier kommt man bei einiger Entfernung vom Sender mit der Widerstandskopplung nicht mehr recht zum Ziele, womit nicht gesagt sein soll, daß auch damit in speziellen Fällen beachtenswerte Resultate nicht erzielt werden können. (Verfasser hat mit einem Rahmen von 300 × 400 mm mit 3 Röhren und kapazitiver Rückkopplung ohne Niederfrequenzverstärkung im Hochparterre eines Hauses inmitten Berlins die Darbietungen von Königswusterhausen auf Welle 680 in Kopfhörer gut empfangen.) Besseres erreicht man mit Hochfrequenztransformatoren, Sperrkreisschaltungen und Reflexschaltungen. Das Arbeiten mit derartigen Schaltungen ist nicht ganz einfach, es stellt schon einige Anforderungen an Kenntnisse und Geschicklichkeit des Amateurs. Bevor man an diese Arbeiten herangeht, sollte man unbedingt Erfahrungen mit dem Rückkopplungsaudion und einer Hochantenne resp. Zimmerantenne sammeln — sonst gibt es Fehlschläge, und man gibt verärgert dieses interessante Gebiet auf.

Der besondere Vorzug des Rahmenempfanges ist seine große Störfreiheit, die nicht zum geringsten Teil darauf zurückzuführen ist, daß kein Erdanschluß nötig ist. Weiter hat der Rahmenempfänger auch bei einfacher Primärschaltung eine große Selektivität, die noch dadurch erhöht wird, daß man durch die ausgesprochene Richtwirkung des Rahmens selbst in verhältnismäßiger Nähe eines kräftigen Senders diesen vollkommen wirkungslos im Empfänger machen kann.

Wenn auch im allgemeinen im Rundfunk die Reichweiten einer guten Hochantenne mit einem hochwertigen Empfänger kaum zu erreichen sein werden, so sind doch auch mit dem Rahmen respektable Reichweiten erzielt worden. Es ist auch schon Amerika in Deutschland mit dem Rahmen aufgenommen worden, ja ein Telegraphie Schreibempfang von Amerika ist bereits durchgeführt worden. Hier tun Geduld und Geschick mit guten Amateurerfahrungen auf dem Empfangsgebiete viel und verbürgen auch schöne Erfolge.

III. Bau von Rahmenempfangsanlagen mit Hochfrequenzverstärkern.

Die nachstehenden Geräte sind vom Verfasser gebaut und als brauchbar erprobt worden. Bei Einhaltung der Abmessungen und Verwendung guten Isoliermaterials ist dem geübten Radioamateur der Erfolg sicher. Ohne Mühe und viel Geduld wird es allerdings nicht abgehen. Um so schöner ist beim Gelingen der Arbeit die Freude am Erfolg. Als Verstärkungsröhren eignen sich gut die sogenannten „Seddig-Röhren", welche leicht anschwingen und nur ca. 60 Volt Anodenspannung benötigen. Diese Röhren benötigen 3—3,5 Volt Heizspannung und etwa 0,5 Ampere Heizstrom. Der Preis ist ein niedriger, was für den Bastler und Amateur sehr wichtig ist. Überhaupt ist bei den ganzen Anordnungen großer Wert auf möglichst geringe Anlagekosten gelegt, damit nicht aus Mangel an Betriebskapital etwa die Arbeit abgebrochen werden muß. Auch auf die Verwendung einfacher Werkzeuge ist bei den Bauanleitungen großer Wert gelegt, obwohl es bei diesen Arbeiten wohl kaum ohne eine kleine Handbohrmaschine neben Schraubstock, einigen Zangen, Hammer, Feilen und Metallsäge abgehen wird.

Ein jeder wird ja wohl Freunde und Bekannte haben, die im Notfalle mit einem fehlenden Werkzeug oder Teil aushelfen.

Um Fehlschläge möglichst auszuschließen, arbeite man peinlichst sauber und verwende nur gute Zubehörteile, schlechte Bestandteile können jeden Erfolg in Frage stellen und alle Mühen umsonst machen.

Die Montageplatte soll möglichst aus unpoliertem Hartgummi oder einem anderen für Hochfrequenz geeigneten Material sein. Vulkanfibre ist nicht zu empfehlen, da dieses hygroskopisch ist. Wird aus Billigkeitsgründen eine Holzplatte gewählt, dann müssen alle Klemmen, Stecker und Sockel eine Hartgummi- oder Pertinaxunterlage erhalten, damit diese gegen das Holz isoliert sind. Bei den Verbindungen vermeide man ein Parallelziehen von Leitungen, besonders der Primär- und Sekundärkreise, sowie derjenigen von Gitter und Anode, es treten sonst ungewollte Kapazitätswirkungen und störende Kopplungen ein. Aus dem gleichen Grunde halte man auch die Leitungen in angemessenen Abständen, etwa 2—3 cm genügen. Die Drahtstärke der Verbindungen wähle man 1,5 mm, da dies eine gewisse Stabilität gegeneinander verbürgt.

Es genügt nicht, ein Schaltungsschema mit mehr oder weniger guten Zubehörteilen zusammenzubauen. Im Gegenteil, der Amateur muß sich in diese Schemen, die sich ja schon in den Materialien und den Leitungsführungen in jedem Falle von einem bereits funktionierenden Original unterscheiden, selbst hineinfühlen und sich diejenigen Erkenntnisse in geduldiger Arbeit vermitteln, die den Erfolg in sich schließen. Ein schlechter Silit oder Blockkondensator können alles Mühen vereiteln!

Bei Verwendung von Silitwiderständen spielt die Qualität dieser eine große Rolle. Sehr zu empfehlen sind die Originalsilite von Siemens & Halske. Neuerdings stellt man hochohmige Widerstände her (nach Prof. Leithäuser), die in Glasröhren eingeschmolzen sind (Hersteller: Owin Radio-Apparate Fabrik Hannover, Arndtstr. 21, sowie Radiofrequenz Berlin-Friedenau, Niedstr. 5) und daher Unveränderlichkeit verbürgen. Silite aus gepreßtem Graphit, Schiefer u. dgl. sind für Hochfrequenzverstärker vollkommen ungeeignet und unbrauchbar.

1. Rahmenempfänger für Wellen über 1500 m.

a) Zweifach-Hochfrequenzverstärker mit Rahmen.

α) **Schaltbild.** Die Abb. 6 gibt ein Schaltbild wieder, nach welchem der Empfänger gebaut werden kann. Es ist dies eine von Leithäuser angegebene Schaltung, die auch unabhängig davon im Laboratorium von Heiligtag verwendet wurde. Die Abb. 8 gibt das Schaltbild in vereinfachter Ausführung und mit Drossel als Kopplung, wie es nachbeschrieben Anwendung findet.

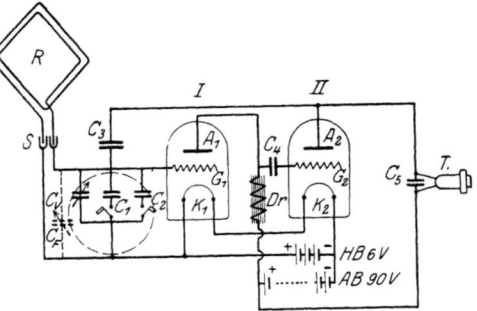

Abb. 8. Hochfrequenzverstärkung.

β) **Der Rahmen.** Der Rahmen (Abb. 9) ist quadratisch mit einer Kantenlänge von 1 m. Die Drahtaufgabe, die gleichzeitig am besten die gesamte Selbstinduktion des Empfängers ist, besteht aus 25 Windungen, also ungefähr 100 m, eines besponnenen oder emaillierten Drahtes von 0,4—0,5 mm Stärke, am geeignetsten Hochfrequenzlitze. Zur Not kann man gewöhnlichen Klingelleitungsdraht nehmen, der allerdings gut paraffiniert oder gewachst sein muß. Sehr gut ist auch die verseilte Klingel-Doppellitze, wie solche für bewegliche Kontakte Verwendung findet. Im Falle man die gesamte Selbstinduktion auf den Rahmen nimmt, was einfach und bequem ist, lege man Windung neben Windung ohne den üblichen Zwischenraum. Irgendwelche Verminderung der Empfangsstärke tritt hierbei nicht oder nur unwesentlich ein. Die vorbeschriebene Anordnung hat eine ungefähre Eigenwelle von 1800 m. Will man kleinere Wellen auf-

10 Bau von Rahmenempfangsanlagen mit Hochfrequenzverstärkern.

nehmen, so bringt man weniger Draht auf, etwa 10—12 Windungen, die aber dann in einem Abstand von etwa 8—10 mm zu verlegen sind (Abb. 27).

Unter Zugrundelegung einer Drahtstärke mit Isolierung von 1 mm ist die Wickel- und damit lichte Rahmenbreite $1 \times 25 = 25$ mm. Aus einem Brett von 15—20 mm Dicke und entsprechender Länge schneiden wir zwei Leisten von 25 mm Breite

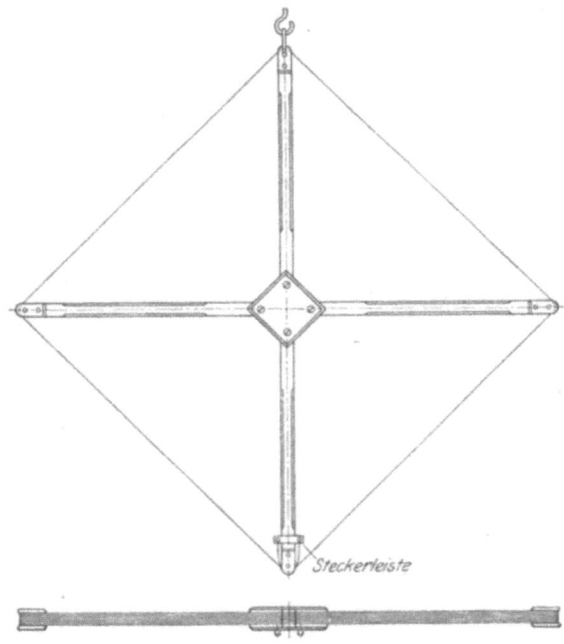

Abb. 9. Rahmen.

und 1,4 m Länge, gleich der Diagonale des Quadrates von 1 m Kante. Wer mit Hobel und Säge nicht geschickt genug ist, aber auf saubere Ausführung Wert legt und den Kostenpunkt nicht zu sehr zu scheuen braucht, kann sich diese Leisten beim Tischler anfertigen lassen. Die Leisten erhalten gemäß Abb. 10a eine kongruente Aussparung und sind an den Enden abzurunden. Die Leisten werden wie beim Christbaumkreuz zusammengesteckt, so daß die Längskanten eine Ebene bilden.

Aus einem Brettchen von etwa 10 mm Stärke schneidet man nun zwei Stücke von 10 cm Kantenlänge nach Abb. 10 b. Die Kanten facettiert man, um die Brettchen etwas gefälliger im Aussehen zu machen. Auch die Längskanten der Leisten kann man so bis etwa 10 cm vom Ende bearbeiten, was dem Ganzen ein sehr gefälliges Aussehen gibt. Aus der Skizze Abb. 10 a sind diese Details gut zu entnehmen. Die Brettchen werden auf Ecke in Richtung der Leistenmittellinien an jeder Ecke durch eine Schraube mit dem Rahmenkreuz verschraubt. Dies gibt dem

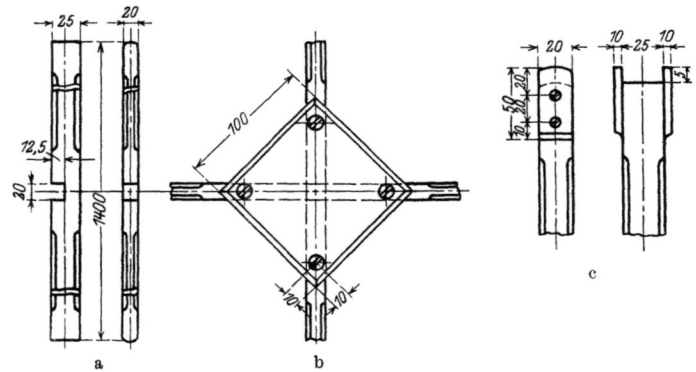

Abb. 10a—c. Einzelheiten zum Empfangsrahmen.

Rahmen den notwendigen Halt. An den Enden des Kreuzes sind, um die aufgebrachten Windungen vor dem Herabgleiten zu bewahren, kleine Stützbrettchen von ebenfalls 10 mm Dicke, und wie die Mittelbrettchen gefällig hergerichtet, mittels Holzschrauben anzubringen. Die Stützbrettchen werden so aufgebracht, wie die Skizze Abb. 10c zeigt, mit 5 mm Übergriff.

Um gute Hochfrequenzisolierung gegen den Rahmen zu haben, bestreicht man die Auflagestellen für die Wicklung mit Isolierlack oder man taucht die Rahmenenden in reines Paraffin oder man legt einen Streifen dünnes Celluloid oder dergleichen unter.

Ist das Rahmengestell aus Tannen- oder Kiefernholz gefertigt, so beizt man es nach dem Glätten, wodurch der Rahmen ein gutes Aussehen erhält. Nunmehr bleibt noch das Klemmbrett aus Isolierstoff für die Verbindungsleitungen mit dem Verstärkerbrett. Die Verbindung stellt man des bequemen Arbeitens wegen durch Stecker und biegsame Litze, die nicht verdreht sein soll, her.

12 Bau von Rahmenempfangsanlagen mit Hochfrequenzverstärkern.

Von einem passenden Stück Hartgummi, Pertinax oder dergleichen von ca. 10 mm Stärke schneidet man mit der Metallsäge einen Streifen von 10 mm Breite und 45 mm Länge. Die Abmessungen sind aus der Abb. 10d zu entnehmen. Mit zwei entsprechenden Holzschrauben ist die Leiste am Rahmenkreuz angeschraubt. Die Steckerbuchsen sind Messingrohrstücke, welche in die Bohrungen der Leisten eingeschlagen und mit einem Stift von etwa 2 mm Durchmesser befestigt sind, evtl. verwendet man käufliche. Aus 4 mm Rundmessing werden

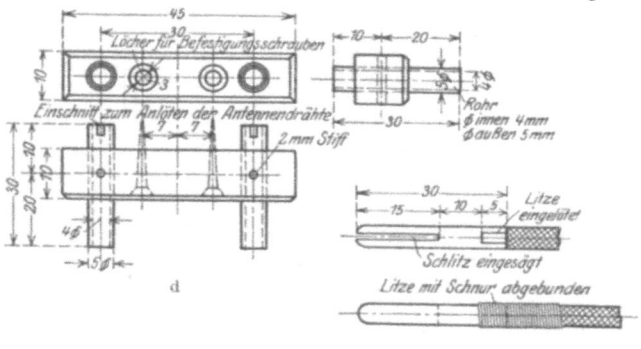

Abb. 10d—e. Einzelheiten zum Empfangsrahmen.

die Stecker nach Skizze angefertigt. Die entsprechenden Schlitze werden mit der Laubsäge eingeschnitten (Abb. 10e).

Die Länge der einzulötenden Litze richtet sich nach der Aufstellung der Apparatur und muß nach den jeweiligen Verhältnissen gewählt werden. Jedoch darf die Litze „nicht verdrillt" verwendet, sondern muß in zwei einzelnen Drähten geführt werden. Am zweckmäßigsten wird der Rahmen hochkant an einem Haken an der Zimmerdecke aufgehängt. Auf diese Weise wird die aus der Richtwirkung des Rahmenempfängers resultierende Drehbarkeit am besten und einfachsten erreicht. Die Art der Befestigung ist aus Abb. 9 zu entnehmen und bedarf keiner weiteren Erklärung.

Ein wesentlicher Teil ist der Abstimmkondensator, mit dessen Hilfe man den Empfänger auf die zu empfangende Welle einstellen kann. Hierzu werden normalerweise Drehkondensatoren mit Luft als Dielektrikum verwendet. Die Anfertigung derartiger Kondensatoren setzt gute Werkstatteinrichtungen und Werkzeuge voraus, die dem Amateur und Bastler für gewöhnlich nicht zur Verfügung stehen. Es sei deshalb hier davon abgesehen, eine Bauanleitung zu bringen. Im übrigen findet ein guter Drehkondensator von 1000—2000 cm Kapazität in der Radiotechnik vielseitig, z. B. als Wellenmeßkondensator, Verwendung, so daß auch bei bescheidenen Ansprüchen der Amateur sich einen solchen früher oder später wird zulegen müssen. Es wird noch besonders geraten, nur ein gutes Fabrikat, das „eichfähig" ist, zu wählen. Der etwas höhere Preis wird reichlich durch die Freude am Arbeiten mit einem guten Gerät aufgewogen und verbürgt exakte Resultate, die sich auch der Amateur zur Pflicht machen muß.

Mit dem vorher beschriebenen Rahmen und einem Drehkondensator von 3600 cm ist kontinuierlich ein Wellenbereich von ca. 2000—6000 m bestrichen. Steht ein Drehkondensator von nur 1200 cm

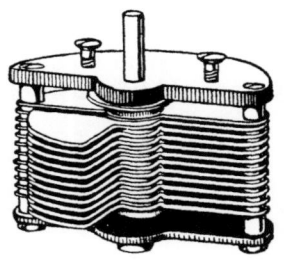

Abb. 11. Drehkondensator mit Luftdielektrikum.

zur Verfügung, so vergrößert man dessen Bereich durch Parallelschalten von Block- oder Festkondensatoren, die man mittels eines Kurbelschalters beliebig zu- und abschalten kann. Um z. B. den oben angeführten Wellenbereich kontinuierlich bestreichen zu können, trifft man bei einem vorhandenen Drehkondensator von 1200 cm die Einrichtung so, daß man zwei Blockkondensatoren nacheinander zuschalten kann.

Diese Anordnung hat dann 1200 cm + 1200 cm + 1200 cm = 3600 cm Kapazität und entspricht, wenn man auf die größere Bequemlichkeit verzichtet, vollkommen einem Drehkondensator von 3600 cm, dessen Anschaffungspreis ein sehr hoher ist.

γ) **Der Hochfrequenzverstärker.** Gearbeitet wird nach der vereinfachten Schaltung Abb. 8. Von den Rahmenanschlußstellen S (s. Abb. 13) wird einmal eine Leitung zum Gitter $G1$ der Röhre I gezogen, die zweite Verbindung wird nach dem Kontakt des Heizdrahtes $K1$ der Röhre I und von da nach dem Pluspol der 6 voltigen Heizbatterie geführt, wenn man die erwähnten Seddig-Röhren benutzt. Der Minuspol der Heizbatterie und der Minuspol der ca. 90 voltigen Anodenbatterie werden vereinigt und mit einem Kontakt $K\,2$ der Röhre II verbunden. Nun verbindet man die beiden noch freien Kontakte von Röhre I und II—$K1$ und $K2$. In diesem Falle sind die Röhren in Serie geschaltet, und die Gesamtanordnung verbraucht den Strom in Ampere, den eine Röhre benötigt. Es ist hier eine Sparschaltung angewendet. Wenn auch hierbei die Präzision einer Parallelschaltung der Röhren unter Vorschaltung eines entsprechenden Regulierwiderstandes vor jede Röhre nicht erreicht wird, so genügt die vorbeschriebene Anordnung durchaus normalen Bedürfnissen. Die Sparschaltung bedingt allerdings Röhren, welche zusammen den Betrag der Heizbatterie in Volt benötigen. Man kann bei 6 Volt Heizspannung Telefunken- und Seddig-Röhren wie angeführt schalten, und Verfasser hat gute Resultate bei relativ sparsamem Stromverbrauch erreicht.

Zwischen die Verbindung Rahmenanschluß S—Gitter und Rahmenanschluß S—Kathode $K1$ wird der Abstimmkondensator von 3600 cm Cv, am bequemsten ein Luftdrehkondensator, oder als Ersatz die Einrichtung nach Abb. 12 $Cv + C1 + C2$ parallel zum Rahmen geschaltet. In Abb. 8 ist diese Anordnung mit einem gestrichelten Kreis gekennzeichnet. Durch Parallelschalten von Kapazität zum Rahmen wird die Wellenlänge, die vom Empfänger aufgenommen wird, um den entsprechenden Betrag vergrößert; bei Verringerung der Kapazität verkleinert. Man tut gut, sich die Wellenlänge durch Vergleich mit dem Wellenmesser oder durch den Vergleich mit bekannten Stationen an der Skala des Drehkondensators zu notieren. Man ist dann bequem in der Lage, den Empfänger zur Aufnahme einer bestimmten Welle nach Tabelle ohne Suchen einzustellen. Bei Empfang von Musik oder Sprache kommt ein Feinkondensator von etwa 50—100 cm sehr zustatten (in Abb. 12 gestrichelt eingetragen).

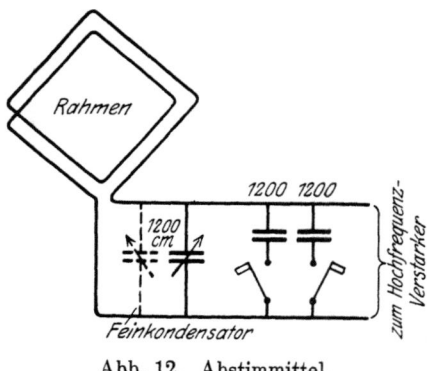

Abb. 12. Abstimmittel.

Zweifach-Hochfrequenzverstärker mit Rahmen.

Nun wieder zu unserem Schaltungsschema. Von der Anode $A\,1$ der Röhre I wird ein Draht nach der Drossel Dr geführt, hier abgezweigt und über einen Blockkondensator $C\,4$ von 350 cm nach dem Gitter $G\,2$ der Röhre II geführt. Das andere Ende der Drossel Dr wird mit dem Pluspol der Anodenbatterie $A\,B$ verbunden. Die Drossel arbeitet als Ableitungswiderstand (Kopplung), der Kondensator $C\,4$ läßt wohl den hochfrequenten Wechselstrom passieren, er hält jedoch den Gleichstrom zurück, sperrt ihn. Nun verbindet man die Anode 2 der Röhre II über den Kondensator $C\,3$ mit dem Gitter $G\,1$ der Röhre I. Dieser Kondensator, der möglichst aus einem Drehkondensator bestehen sollte, hat ungefähr 150 cm. Die Anordnung stellt eine kapazitive Rückkopplung dar und ermöglicht uns, sowohl gedämpfte als ungedämpfte Sender aufzunehmen. Weiter verbindet man die Anode 2 der Röhre II mit der einen Steckerbuchse für das Telephon. Die andere Telephonbuchse wird mit dem Pluspol der Anodenbatterie verbunden. Zwischen die Steckerbuchsen für das Telephon T wird als Telephonkondensator $C\,5$ ein Blockkondensator von ca. 2000 cm geschaltet.

Die Röhre I verstärkt die ankommenden hochfrequenten Schwingungen, die Röhre II verstärkt die verstärkten Schwingungen der Röhre I nochmals, richtet den Wechselstrom gleich und macht ihn im Telephon hörbar (Audion). Durch die Rückkopplung mittels des Kondensators $C\,3$ wird eine weitere Verstärkung erreicht, und als Wesentlichstes wird die Einrichtung zum Empfang ungedämpfter Schwingungen fähig.

Ein Gitterableitungswiderstand für das Audion ist nicht immer nötig. Man stellt dies durch den Versuch fest. Je nachdem wird der Silit, der von etwa 1×10^6 bis $5\times 10^6\,\Omega$ beträgt, an den Pluspol oder den Minuspol der Heizbatterie oder parallel den Gitterkondensatoren (amerikanische Art) gelegt. Es richtet sich dies nach den verwendeten Röhren und den jeweiligen gegebenen Verhältnissen, die man nicht voraus berechnen kann. Unter Umständen ersetzt eine schlechte Isolation den Silit.

Das Verstärkerbrett. Abb. 13 zeigt das vollkommen montierte Brett mit allen zugehörigen Teilen; die Röhren sind herausgenommen, I und II ist der gemeinsame Sockel zum Einsetzen der Verstärkerröhren. Es können solche Sockel auch einzeln käuflich erworben und verwendet werden (Abb. 14).

16 Bau von Rahmenempfangsanlagen mit Hochfrequenzverstarkern.

Für den Bastler, der geeignete Werkzeuge besitzt, ist nachfolgend der Aufbau des in der Abbildung verwendeten gemein-

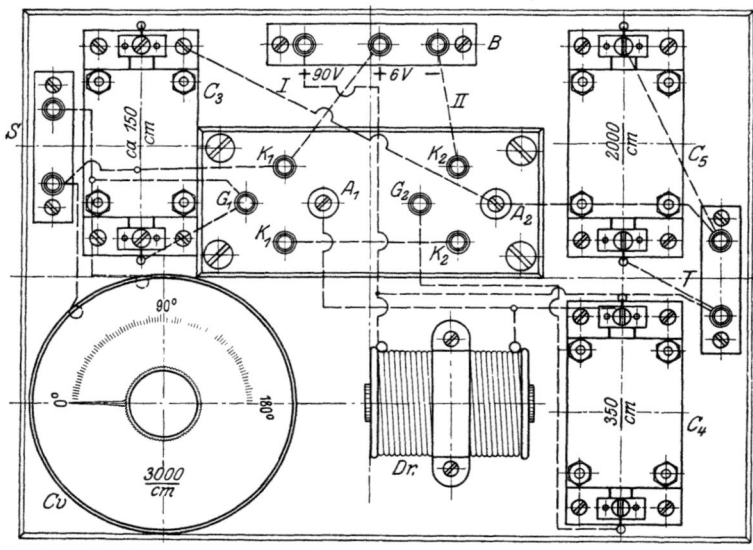

Abb. 13. Gesamtansicht des Hochfrequenzverstarkers.

samen Sockels für beide Röhren mit allen Maßen zum Selbstanfertigen angegeben. Dasselbe gilt für die Steckerbuchsen S, B und T. S sind die Buchsen für den Antennenanschluß, B die Buchsen für den Batterieanschluß, für den auch der Gegenstecker mit beschrieben ist, und T sind die Buchsen für das Telephon. Die Blockkondensatoren kann man sich bei geeigneten Werkzeugen auch gut selbst anfertigen, doch erfordert diese Arbeit schon eine etwas geübte Hand.

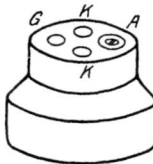

Abb. 14. Röhrensockel.

Der Vollständigkeit halber wird auch hierfür eine Bauanleitung gegeben. Die Drossel Dr ist leicht anzufertigen, sie besteht aus emailliertem Kupferdraht von 0,1 mm Durchmesser und wird nach Bedarf mit Eisen versehen. Der Ohmsche Widerstand beträgt etwa 1000 Ω.

Das Grundbrett. Von einem Brett aus Kiefer, Eiche, Erle oder dergleichen von etwa 15 mm Stärke schneiden wir ein Stück von etwa 200×150 mm aus. Die Oberfläche wird glattgehobelt und

Zweifach-Hochfrequenzverstärker mit Rahmen. 17

mit Glaspapier gut abgeschliffen. Um dem Ganzen ein schönes Aussehen zu verleihen, worauf man immer Wert legen und die kleine Mehrarbeit und Mühe nicht scheuen soll, werden die Kanten schön sauber gebrochen. Auch ist besonders darauf zu achten, daß diese rechtwinklig verlaufen. Man kann das Brett abölen und etwas mit Politur übergehen oder erst beizen und dann polieren. Alles das richtet sich nach dem persönlichen Geschmack des einzelnen. Ein befreundeter Tischler wird das Richtige raten.

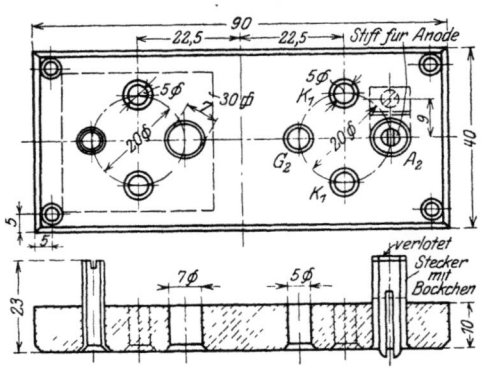

Abb. 15a. Gemeinsamer Röhrensockel.

Das Brett bekommt Füßchen, die gut aus Isolatoren bestehen können, um für die Leitungen und Durchführungen bequem Luft zu haben. (Abb. 15b.)

Der Röhrensockel und die Steckerbuchsenleisten. Man beschafft sich ein größeres Stück Hartgummi, Pertinax oder ein anderes für Hochfrequenz geeignetes Isoliermaterial von 10 mm Stärke, aus welchem auch die weiteren Steckerbuchshalter gefertigt werden. Vulkanfiber ist für diesen Zweck ungeeignet. Das Material muß gesägt und gebohrt werden können und dabei doch so fest sein, daß die Messingbuchsen, die stramm eingeschlagen werden müssen, sich nicht lockern. Hartgummi ist nicht so gut geeignet wie Pertinax. Wir richten uns ein Stück von 90×40 mm her und achten darauf, daß das Stück schön winklig wird und brechen auch hier mit der Feile die obere Kante. Nach Abb. 15a reißen wir nun die Löcher für die Bohrungen an und bohren diese mit den angegebenen Größen. Auf dem oberen Teil der Platte, an welchem wir auch die Kante gebrochen haben, werden die Löcher mittels eines Senkers leicht ausgesenkt, wie es in der Skizze deutlich zu ersehen ist. Die zugehörigen Messingbuchsen, die nach der Abb. 15c aus Messingrohr 4·5 mm angefertigt sind, werden von unten her so eingeschlagen, daß die

18 Bau von Rahmenempfangsanlagen mit Hochfrequenzverstärkern.

Oberkanten von Platte und Rohr abschneiden. Natürlich kann man auch käufliche Steckbuchsen einsetzen. Wir legen jetzt das unten herausragende Rohrstück auf einen Amboß oder eine Eisenplatte und setzen von oben einen entsprechenden Körner auf. (Abb. 15c_1.) Mit einigen Hammerschlägen legen wir auf diese Weise das Rohr-

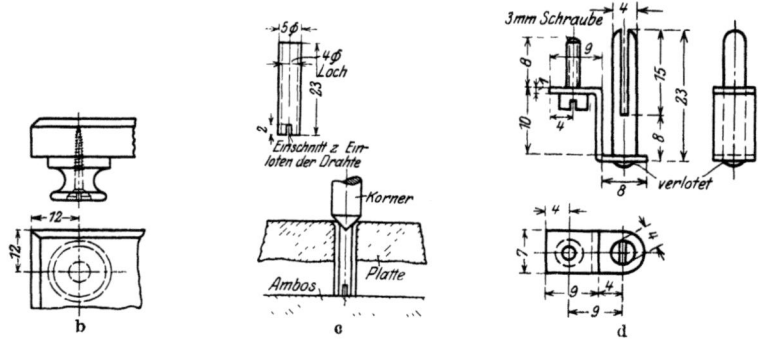

Abb. 15b—d. Drehknopf, Stecker und Einzelteile.

ende in die Versenkung, wodurch die Messingbuchse einen guten Halt bekommt. Der in Abb. 15c angedeutete, mit der Säge herzustellende Einschnitt von etwa 2 mm Tiefe dient zum bequemen Einlöten der Drahtverbindungen. Des sicheren Kontakts halber sind sämtliche, nicht lösbare Verbindungen am besten durch Lötung herzustellen. Jetzt ist noch der Gegenstecker für die Buchse im Röhrenfuß, an die die Anode angeschlossen ist, zu fertigen. Abb. 15a und 15d geben die zum Verständnis und für die Anfertigung nötigen Skizzen. Aus etwa 2 mm starkem Messingblech schneidet man einen Streifen von 7 mm Breite und ca. 29 mm Länge. Diesen Streifen biegt man nach Abb. 15d unter Berücksichtigung der angegebenen Maße. Mittels der 3-mm-Kopfschraube wird das so entstandene Böckchen entsprechend Abb. 15a auf die Sockelplatte von unten angeschraubt. In den anderen, abgebogenen Teil des Böckchens wird ein 4-mm-Loch gebohrt und in dieses der aus einem 4 mm starken Messingdraht bestehende, durch Einsägen geschlitzte Stecker schön winklig eingelötet.

Um den Stecker mit Böckchen genau passend auf das Sockelbrett zu bekommen, verfährt man folgendermaßen. Man setzt die Verstärkerröhre, nachdem die Buchsen $G1$, $K1$, $K1$ gut und zuverlässig einmontiert sind und das 4. Loch von 7 mm gebohrt ist, in das Röhrenbrett ein. Hat man gut gearbeitet, so sitzt nun die Buchse des Röhrenfußes genau in der Mitte der Bohrung von 7 mm Durchmesser. Ist die Röhre eingesetzt, dann stecken wir von unten den gefertigten Stecker mit Böckchen in die Buchse der Röhre hinein, bis das Böckchen auf dem Sockelbrett aufliegt. Jetzt geben wir dem Böckchen die Lage, die sich aus Abb. 15a ergibt und können nun das Loch für das Gewinde der Befestigungsschraube von 3 mm anreißen. Vorher haben wir in das Böckchen das entsprechende Durchgangsloch für diese Schraube gebohrt. Man kann jede Gewindeart, die ungefähr die angeführte Gewindestärke hat, verwenden. Ein viel benutztes Gewinde für diese Zwecke ist das Löwenherz-Gewinde.

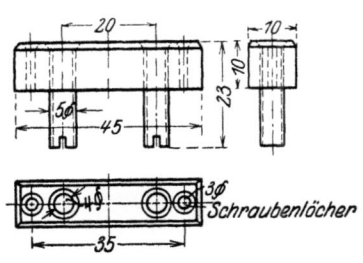

Abb. 16a. Telephonstecker.

Um den Röhrensockel auf das Grundbrett aufzuschrauben, müssen wir Platz für die überstehenden Buchsen schaffen und aus dem Grundbrett entsprechende Stücke herausschneiden. In Abb. 15a ist einer dieser Ausschnitte durch ein schraffiertes Quadrat von 30 mm Kantenlänge angedeutet. Als Befestigungsschrauben nehmen wir etwa 3 mm starke, mit versenktem Kopf versehene Holzschrauben von entsprechender Länge. Die Löcher hierfür werden 5 mm von der Kante nach Abb. 15a gebohrt und die Schrauben versenkt. Aus dem gleichen Materialstück, aus welchem das Sockelbrett gefertigt wurde, werden die Buchsenleisten S für den Anschluß der Antennenverbindung, B für den Batterieanschluß und T für das Telephon hergestellt.

Die Steckerleiste S entspricht in allen ihren Abmessungen der Leiste T für das Telephon. Der Abstand der Buchsenmitten ist gleich dem Abstand normaler Telephonanschlußstecker mit 20 mm gewählt. Im übrigen ist beim Einbau der Buchsen dasselbe zu berücksichtigen, was unter der Fertigung des Sockels bereits gesagt wurde. Sämtliche Maße sind aus der Abb. 16a zu entnehmen.

20 Bau von Rahmenempfangsanlagen mit Hochfrequenzverstärkern.

Die Verbindung mit den Batterien wird durch einen unverwechselbaren Dreifachstecker mit gemeinsamem Minus-Pol bewirkt. Die Herstellung der Buchsenleiste erfolgt wie oben nach Abb. 16 b. Der dazugehörige Dreifachstecker wird nach Abb. 16 c ausgeführt. Durch den Stecker ist ein falscher Anschluß der Heiz- und Anodenspannung ausgeschlossen, was sonst ein Durchbrennen von mindestens

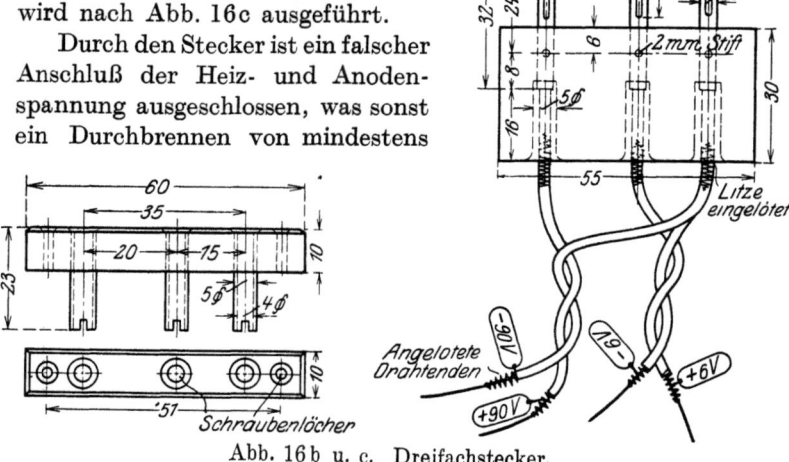

Abb. 16 b u. c. Dreifachstecker.

einer Röhre bei der ausgeführten Sparschaltung zur Folge haben würde. Es ist jedoch dringend darauf zu achten, daß die Litzenenden mit der richtigen Batterie verbunden werden. Um sich vor Schaden zu bewahren, bezeichnet man nicht nur die Anschlußenden mit + und —, sondern man bringt an jedem Ende ein Pappkarton-Schildchen mit der entsprechenden Spannungsbezeichnung an, damit man in der Eile nicht zu suchen braucht und Fehler macht. Die Schildchen werden folgendermaßen beschriftet: + 90 Volt, + 6 Volt, — 90 Volt, — 6 Volt. Da die Röhren teuer sind, ist diese Vorsicht sehr am Platze. In die Heizleitung kann man außerdem noch einen kleinen, veränderbaren Widerstand einfügen, der die Röhrenspannung zu regulieren gestattet, wodurch die Röhren recht geschont werden können.

Die Buchsenleisten werden wie der Röhrensockel durch dünne Holzschrauben mit versenktem Kopf auf das Grundbrett aufgeschraubt. An den entsprechenden Stellen sind zwecks Durchführung der Buchsen durch das Grundbrett Löcher von etwa 6 mm Durchmesser zu bohren.

Zweifach-Hochfrequenzverstärker mit Rahmen.

Die Kondensatoren. Von dem Abstimmkondensator Cv gilt das unter „Der Rahmen" Gesagte. Alle übrigen Kondensatoren sind Fest- oder Blockkondensatoren. Der Rückkopplungskondensator ist hier auch als Festkondensator angedeutet, es empfiehlt sich jedoch, hierfür einen Drehkondensator von etwa 400—500 cm zu verwenden, da man dann in der Lage ist, sich für jede Welle die günstigste Rückkopp-

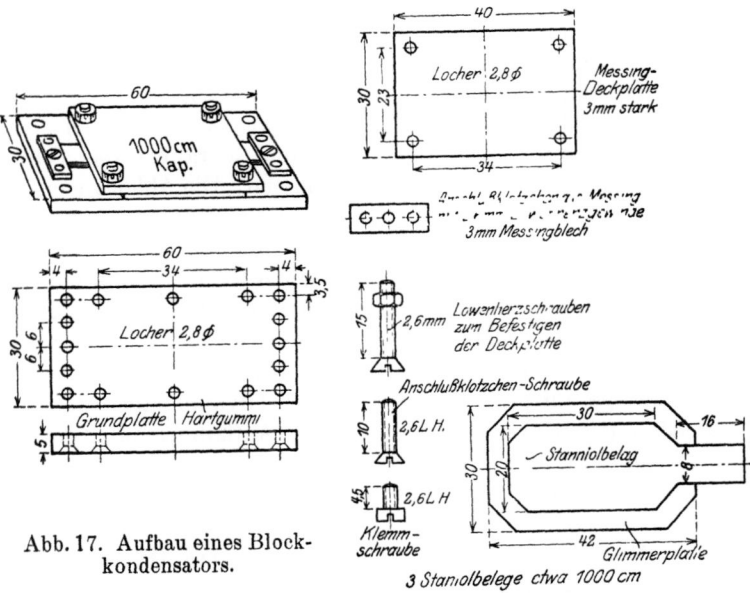

Abb. 17. Aufbau eines Blockkondensators.

lung einzustellen. Verwendet man den sehr viel billigeren Blockkondensator, so muß man die günstigste Mittelgröße für den gewünschten Wellenbereich empirisch bestimmen, d. h. die nötige Kapazität in „cm" durch den Versuch herausfühlen. Als Dielektrikum darf nur bester dünner Glimmer verwendet werden. Unsauber oder schlecht hergestellte Blockkondensatoren können den ganzen Empfänger unbrauchbar machen. Wer also nicht über das geeignete Material und die nötigen Hilfsmittel und Werkzeuge verfügt, kauft sich am besten die Blockkondensatoren, die es in allen gangbaren Größen preiswert gibt. Das Selbstanfertigen kommt hier durchaus nicht billiger, wenn man sich Material, Schrauben und Glimmer erst kaufen muß. Abb. 17 zeigt einen normalen Blockkondensator mit seinen Einzelteilen und allen Maßen. Die Grundplatte besteht auch hier aus Hartgummi oder Pertinax von ca. 5 mm Stärke. Deckplatte und Schrauben sind aus Messing. Der Zusammenbau wird wie folgt vorgenommen. In die Grundplatte werden von unten die versenkten Schrauben von 15 mm Länge zum Aufschrauben der Deckplatte eingeführt und die Platte, Schraubenköpfe nach unten, auf den Tisch gelegt. Zuerst legt man nun auf die Grundplatte zwischen die Schrauben ein Glimmerplättchen, darauf ein Stanniolblättchen, Fahne links, hierauf Glimmer, dann Stanniol, Fahne rechts, und so fort, bis man genügend Kapazität hat. Zu oberst legen wir wieder ein Glimmerplättchen, setzen dann die Deckplatte auf und schrauben das Ganze mittels der Sechskantmuttern gut zusammen. Die Ableitungen der Stanniolbeläge werden unter die Anschlußklötzchen rechts und links gelegt und aufgeschraubt. Drei Stanniolbeläge in dieser Art aufgebaut, ergeben bei der angegebenen Größe etwa 1000 cm. Ist der Kondensator fertig zusammengebaut, so prüfen wir ihn mittels eines empfindlichen Galvanometers und wenigen Volt auf Kurzschluß und darauf mittels etwa 200 Volt unter Vorhaltung einer Glimm-Lampe auf gute Isolierung. Die Galvanometernadel darf beim Einschalten nur kurz ausschlagen (Aufladung des Kondensators), um dann fast in die Nulllage zurückzukehren. Sind diese Bedingungen erfüllt, dann kann der Kondensator als brauchbar gelten.

Der Abteilungswiderstand oder die Drossel. Es verbleibt jetzt noch der Ableitungswiderstand „Dr". Man kann diesen Widerstand auch durch einen Silitwiderstand etwa von der Größenordnung 1×10^6 bis 3×10^6 ersetzen. Jedoch hat Verfasser mit der hier verwendeten Drossel besseres erreicht.

Benutzt man Silitstäbe, so verwendet man für deren Einschaltung am besten einen Porzellansockel, wie solche für die bekannten Eisenwasserstoff-Widerstände benötigt werden. Abb. 18 gibt die Anordnung im Bild. In diesem Falle bekommt der Silitstab aus Messingstreifen gefertigte messerartige Schneiden. Oder es wird ein Stückchen Pertinax geschnitten, welches als Unterlage mit zwei Holzschrauben an das Grundbrett festgeschraubt wird. Auf dieses Stückchen Pertinax wird nach Umwicklung der Enden des Silitstabes mit einem Streifchen Stanniol mittels zweier kleiner

Zweifach-Hochfrequenzverstärker mit Rahmen. 23

Schellen aus Messingblech durch zwei Gewindeschrauben 3 mm der Silitstab befestigt (Abb. 19). Der Bau der Drossel ist etwas schwieriger und bedarf größter Aufmerksamkeit. Bei Verwendung von mit Seide umsponnenem Draht ist darauf zu achten, daß beim Aufwickeln der Draht nicht im Kupfer reißt. Der Seidenfaden täuscht dann, falls er nicht auch durchreißt, einen intakten Draht vor. Es ist deshalb geraten, von Zeit zu Zeit beim Aufwickeln mit einem empfindlichen Galvanometer nachzuprüfen, ob der Draht

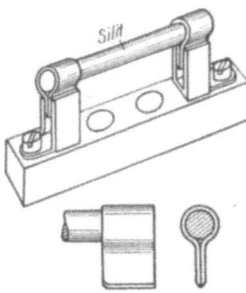
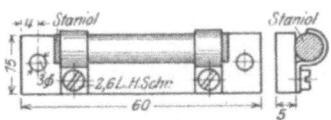

Abb. 18. Silitwiderstand.   Abb. 19. Silitwiderstand.

nicht unterbrochen ist. Bei Verwendung von emaillierten Drähten ist diese Gefahr nicht so groß, da dieser sofort in zwei getrennte Teile reißt. Es kann jedoch auch hier vorkommen, daß nachträglich durch ungünstige Lage oder ungünstigen Druck der nachfolgenden Wicklung das an die Ableitungslitze gelötete Innenende der Wicklung abbricht. Deshalb empfiehlt sich auch hierbei von Zeit zu Zeit Nachprüfung mittels des Galvanometers.

Aus einer Garnrolle mittlerer Größe stellen wir uns den Spulenkörper her (Abb. 20 a). Die kleine Bohrung inmitten der Rolle vergrößern wir auf etwa 11 mm Durchmesser, um im Bedarfsfalle die nötigen Eisendrähte unterbringen zu können. Steht uns eine Drehbank zur Verfügung, dann nehmen wir die Schrägen der Garnrolle innen mit deren Hilfe weg (Abb. 20 b). Haben wir keine Möglichkeit, dies auf einer Drehbank zu tun, so müssen wir es von Hand mit der Feile so gut als möglich machen. Ist diese Arbeit getan, so muß die Spule mit Schellack gut lackiert werden. Oder sie wird so lange in flüssiges Paraffin getaucht, bis keine Luftbläschen mehr hochsteigen. Von der durchaus einwandfreien Isolierung der Drossel hängt deren Wirkung ab. Hierauf ist also peinlichste Aufmerksamkeit, auch beim Aufbringen der Drahtwindungen, zu legen. Für die Wicklung wird ein Draht

24 Bau von Rahmenempfangsanlagen mit Hochfrequenzverstärkern.

von 0,1 mm Durchmesser verwandt. Von diesem Draht wird in möglichst gleichmäßigen Windungen so viel auf die Spule gebracht, als darauf geht. Dann ist der Ohmsche Widerstand der gesamten Rolle etwa 1000 Ω. Den Ableitungen der Spule ist besondere Sorgfalt zuzuwenden, damit nicht etwa der dünne Draht, wenn wir die Drossel glücklich fertig haben, noch nachher abreißt. Beim Bruch des inneren Drahtendes bedeutet dies die Wiederholung der viel Geduld und Aufmerksamkeit erfordernden Arbeit. Die Ableitungen werden aus Litzendraht hergestellt, wie solcher für bewegliche Klingelkontakte Verwendung findet (Abb. 20c). Die Abb. 20c zeigt deutlich die Einzelheiten. Für die Anschlußlitze des Innenendes bohrt

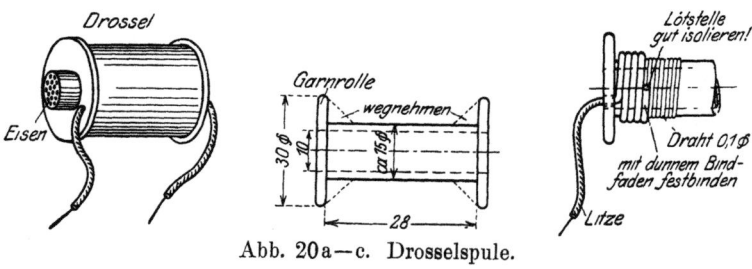

Abb. 20a—c. Drosselspule.

man knapp am Spulengrund durch den Flansch ein Loch von Litzenstärke. Ein etwa 20 cm langes Stück führt man 10 cm ein und wickelt das Ende stramm auf. 1 cm hat man die Bespinnung entfernt, kurz am Ende knotet man dünnen Bindfaden oder starkes Garn an und bindet die Litze fest auf den Spulenkörper. Zur Sicherheit übergeht man das aufgewickelte Litzenende noch mit heißem Paraffin oder bestreicht es mit Lack, der für Isolierzwecke geeignet sein und gut abtrocknen muß, damit alles unveränderbar festsitzt und sich nichts verrücken kann. Nun lötet man den dünnen 0,1 mm starken Draht vorsichtig an das blanke Litzenende an. Die Lötstelle muß vollständig säurefrei hergestellt sein (mit Kolophonium löten), da sonst der dünne Kupferdraht nach einiger Zeit durchgefressen wird. Man isoliert die Lötstelle mit Öl- oder Paraffinpapier und gibt gut acht, daß hierbei der dünne Draht nicht abreißt; jetzt beginnt man vorsichtig unter öfterer Kontrolle durch die eingangs beschriebene Galvanometerprüfung mit dem Aufbringen der Wicklung.

Ist die Rolle bewickelt, so versieht man das Ende ebenso wie innen mit einem Stück Litze für den Anschluß. Nun legen wir um die Spule einen die ganze Breite bedeckenden Paraffin- oder Ölpapierstreifen und bringen noch eine Lage möglichst starken, schwarzen Garnes auf. Dies hat den Zweck, die Drossel vor Verletzungen zu schützen und ferner ihr ein schönes, sauberes Äußere zu geben. Zuletzt wird die ganze Drosselspule lackiert.

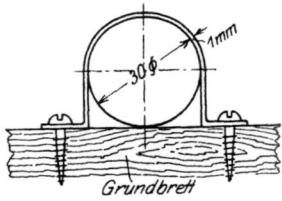

Abb. 20 d. Befestigungsbügel.

Die Drossel befestigen wir unter Benutzung eines Messingbügels am Grundbrett. Er wird aus Messingblech von ca. 1 mm Dicke und 8 mm Breite gefertigt. Wir richten diesen Streifen wie in Abb. 20 d skizziert und schrauben mit Hilfe des Bügels und zweier kleiner Holzschrauben die Drossel auf das Grundbrett.

Nunmehr hätten wir alle Zubehörteile des Verstärkerbrettes hergestellt, und wir montieren nun alles schön sauber und stellen alle Verbindungen wie vorbeschrieben her. In Abb. 13, welche eine Ansicht des fertig montierten Verstärkers gibt, ist mit Absicht davon Abstand genommen, für das Aufbringen der einzelnen Teile genaue Einbaumaße zu geben. Einesteils deshalb, damit man die Teile so aufbringen kann, wie solche schon vorhanden, andernteils um die beschriebenen Einzelteile nach eigenem Ermessen installieren zu können. Die Abbildung soll nur einen Anhalt geben und als Anleitung dienen.

b) **Vierfach-Hochfrequenzverstärker nach Baumgart.**

In folgendem ist eine Empfangseinrichtung beschrieben, die Sie in Abb. 7, S. 6 gesehen haben. Es ist dies ein Spezialempfänger zur Aufnahme der Zeitzeichen von Nauen und vom Eiffelturm. Dieser Empfänger wurde vom Verfasser in seinem Aufbau im Jahre 1922 begonnen, nachdem es damals unter großen Mühen gelungen war, die Erlaubnis von der R.-T.-V. zu bekommen.

Das Gerät sollte in der Hauptsache den Uhrmachern und sonstigen Instituten, die auf genaue Zeitangabe angewiesen sind, die Benutzung der Zeitzeichen von Nauen und vom Eiffelturm ermöglichen, ohne diese von einer Antennenanlage abhängig zu machen, welche damals von der R.-T.-V. nur ungern genehmigt wurde. Es ist ein einfaches tragbares Gerät, welches nur an die Batterien angeschlossen zu werden braucht, um betriebsfertig zu sein. Nach dem Plombieren des Kastens war es dem Besitzer nicht ohne weiteres möglich, eine andere Welle als die eingebaute aufzunehmen. Damit sollte erreicht werden, daß die R.-T.-V. unbedenklich den Interessenten die Aufstellung dieses Apparates gestatte. Durch die schnelle, kurz nach der Durchbildung des Gerätes beginnende Entwicklung des deutschen Rundfunkes wurde dieser Zeitzeichenempfänger überholt und soll hier nur gebracht werden, weil der Verfasser damit trotz der kleinen Abmessung des Rahmens, der in die Kastenwandung eingebaut ist, ganz beachtenswerte Reichweiten, und zwar regelmäßig, erzielt hat.

Der Empfänger hat quadratische Form, wie aus der Abb. 7 hervorgeht, mit einer Kantenlänge von etwa 250 × 250 mm und einer Tiefe von ca. 10 cm. Der Kasten schließt alle Abstimm- und Empfangsmittel mit der Antenne ein, ausgenommen die zur Heizung und für die Anoden notwendigen Batterien. Mit diesem Gerät hat der Verfasser, wie bereits gesagt, in Wien und in Salzburg ohne weitere Verstärkung die Zeitzeichen von Nauen und diejenigen des Eiffelturms regelmäßig und deutlich im Doppelkopffernhörer aufgenommen. Die Entfernung Wien—Paris ist etwa 1000 km. Ein großer Vorzug war die universelle Aufstellmöglichkeit und Verwendbarkeit, sowie die spielend leichte Bedienung, die sich auf das Anstöpseln der Batterien und die Betätigung des Wellenschalters beschränkte. (Siehe auch ,,Der Baumgart-Empfänger von Dr. E. Nesper im ,,Radio-Amateur" vom 23. Oktober 1923, Heft 3, S. 48.)

Schaltbild und Aufbau.

In der Abb. 21 ist das vollständige Schaltbild des Empfängers wiedergegeben.

Die 4 verwendeten Lampen sind Telefunkenlampen E. V. E. 173 oder Seddig-Lampen, bei Verwendung einer 6-Volt-Heizbatterie, in Sparschaltung.

Aus dem Schaltbild geht gleichzeitig auch die Gesamtanordnung klar hervor. R ist der Rahmen, sinngemäß nach der Konstruktion um sämtliche Empfangselemente herum angeordnet. Es besteht im vorliegenden Falle aus 84 m eines 0,35 mm starken emaillierten Kupferdrahtes Windung an Windung. Die ersten beiden Röhren sind mittels Drosseln gekoppelt, die beiden letzten durch einen

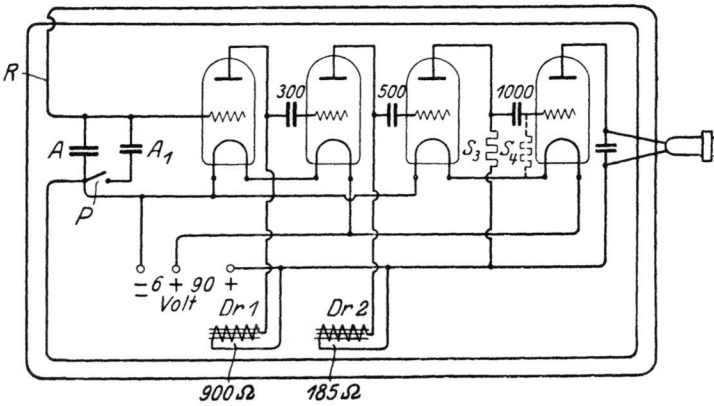

Abb. 21. Schaltbilder des Vierfach-Hochfrequenzverstärkers nach Baumgart.

Silitstab von $3 \cdot 10^6 \, \Omega$. Der Gitterableitungswiderstand der als Audion geschalteten vierten Röhre S_4 ist nicht kritisch und deshalb gestrichelt gezeichnet. Das wesentlichste sind die beiden Drosseln, von deren richtiger Dimensionierung der Erfolg abhängt. Diese Drosseln stellen nämlich gleichzeitig die Rückkopplungsspulen dar und werden direkt auf den Rahmen gekoppelt. Zu diesem Zwecke sind sie nach Abb. 22 gegen den Rahmen beweglich

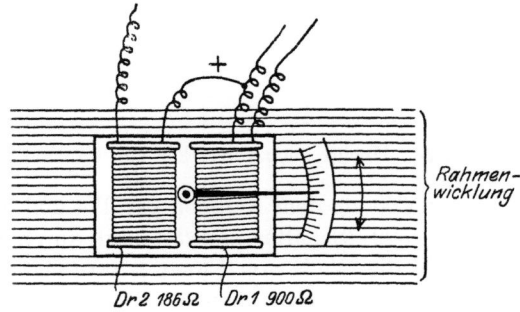

Abb. 22. Rückkopplung durch die Drosselspulen nach Baumgart.

im Innern des Kastens angeordnet. Die Drosseln haben dieselben äußeren Abmessungen der Abb. 20a—c. Drossel 1 besteht aus 0,1 mm starkem Emaille-Kupferdraht und hat insgesamt 900 Ω, die Drossel 2 aus demselben Draht hat 186 Ω, sie können auf ein

28 Bau von Rahmenempfangsanlagen mit Hochfrequenzverstärkern.

gemeinsames Brettchen montiert werden. Durch Einlegen von Eisendrähten werden sie genau abgestimmt. Die Dimensionierung der Gitterkondensatoren geht aus der Abb. 21 hervor, der Telephonkondensator hat 2000 cm. Mit Hilfe des Schalters P schaltet man einmal einen Kondensator

Abb. 23. Hochfrequenzverstärker mit Rahmen nach Baumgart geöffnet.

A von 460 cm dem Rahmen parallel und hat die Welle des Eiffelturm 2500 (Schalter „aus"!) und durch Zuschalten von A_1 mit 180 cm die Welle von Nauen 3100 (Schalter „ein"!).

Über den konstruktiven Aufbau ist nicht viel zu sagen. Es gelten hier sinngemäß die Ausführungen, die unter a) Zweifachhochfrequenzverstärker mit Rahmen gemacht sind. Alles übrige geht aus der Abb. 23 hervor, welche den Empfänger geöffnet zeigt.

Beim Einbau der Drosseln ist darauf zu achten, daß der Windungssinn richtig ist, man erhält sonst keine wirksame Rückkopplung resp. Überlagerung. Die Drosseln sind richtig geschaltet, wenn man beim Festerkoppeln mit den Rahmenwindungen das Einsetzen der Überlagerung, welches sich durch ein Knacken im Telephon markant bemerkbar macht, deutlich wahrnimmt. Durch Einlegen von Eisendrähten in die Drosseln kann man diese fein abstimmen und die Wirkung wesentlich erhöhen.

Da das Hauptinteresse wohl auf dem Gebiete des Empfanges der Rundfunkwellen, also solcher von etwa 250—700 m, liegt, so soll dieser Abschnitt damit geschlossen werden, zumal man mit den nachfolgenden Empfangsanordnungen leicht nach sinngemäßer Änderung der Abstimm- und Kopplungsmittel ohne viel Mühe auch die langen Wellen aufnehmen kann.

2. Rahmenempfang für Rundfunkwellen.

Wie schon eingangs bemerkt, bietet der Rahmenempfang mit Hochfrequenzverstärkern in Widerstandskopplung bei Rundfunkwellen zum Teil erhebliche Schwierigkeiten. Trotzdem ist es auch hiermit gelungen, zum Teil beachtenswerte Erfolge zu erzielen. Da der Selbstbau von Hochfrequenzverstärkern nach Baumgart verhältnismäßig geringe Kosten und Schwierigkeiten bereitet, so sei hier mit 2 derartigen Empfängern begonnen.

a) Dreifachhochfrequenzverstärker nach Baumgart.

In Verfolg der Konstruktion des Empfängers zur Aufnahme des Zeitzeichens nach Abb. 7 wurde vom Verfasser ein solcher zur Aufnahme des Rundfunkes bearbeitet. Der besondere Anreiz lag auch hier darin, daß der Empfänger unabhängig von Erde und Antenne beliebig aufgestellt und in Gebrauch genommen werden konnte. Um das Ganze noch geschlossener zu machen, wurde auch die Anodenbatterie in den Empfangskasten mit aufgenommen, so daß lediglich der Anschluß an die Heizbatterie nötig war, um den Empfänger betriebsbereit zu machen. Die Verwendung des Empfängers in dieser Schaltung beschränkte sich trotz der angewandten kapazitiven Rückkopplung auf seine Verwendung am Orte des Senders. Die Reichweite entspricht ungefähr der eines Detektorapparates mit Hochantenne. Der Wellenbereich ist kontinuierlich von etwa 300—700 m einzustellen. Der Aufbau geht aus der Abb. 24 hervor. Bei den heutigen Miniwattlampen würde auch die aus Trockenelementen bestehende Heizbatterie mit in den Apparat aufgenommen werden können, so daß man nun ein vollständiges geschlossenes Empfangsgerät hat.

Schaltbild und Aufbau.
Wie Abb. 25 zeigt, handelt es sich auch bei diesem Hochfrequenzverstärker um einen solchen in Widerstandskopplung. Da die Anwendung von Drosseln zu einem unbefriedigenden Resultat führte, so wurden zur Kopplung der Kaskade hochohmige Widerstände (Silite) verwendet. Es stellte sich jedoch heraus, daß die zu erzielende Lautstärke in keinem Verhältnis zu den aufgewendeten Mitteln stand. Nach langem Suchen und Probieren gelang es dann,

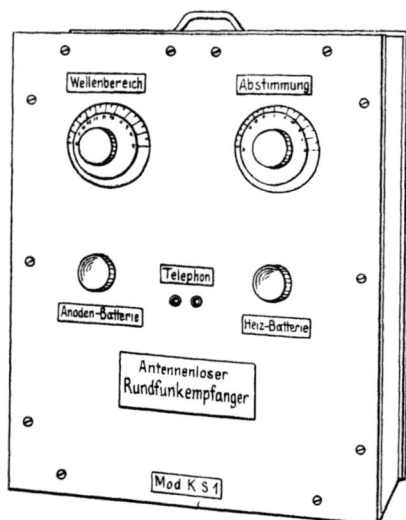

Abb. 24. Rundfunkempfänger nach Baumgart.

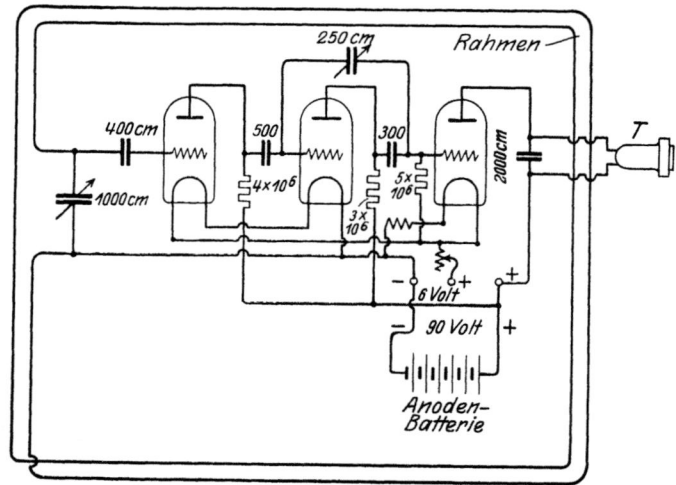

Abb. 25. Schaltbild zum Rundfunkempfänger nach Baumgart.

Vierfach-Hochfrequenzverstärker mit Zweifach-Niederfrequenzverstärker. 31

endlich durch eine aus der Abb. 25 ersichtliche kapazitive Rückkopplung einigermaßen befriedigende Resultate zu erhalten. Bei Einbau von drei Heizwiderständen, Anwendung mehrerer Anodenstecker und Anwendung von Gittervorspannung wird die Anordnung erheblich verbessert. Es empfiehlt sich dann Sparröhren hoher Emission zu verwenden.

Der Rahmen hat, entsprechend den Kastenabmessungen, in deren Wandungen er untergebracht ist, eine Kantenlänge von 300 × 400 mm, und es ist Hochfrequenzlitze verwendet, die mit 0,5 mm Steigung auf die Kastenwandung in eine Aussparung aufgewickelt ist. Die gesamte Drahtlänge beträgt 18 m, es ergeben sich dann etwa 14 Windungen. Die Tiefe des Kastens ist ungefähr 125 mm. Alle weiteren Daten sind aus der Abb. 25 zu entnehmen.

Das Bild 26 zeigt einen für den Wiener Rundfunk dortselbst hergestellten derartigen Empfänger, der mit einer der nachbeschriebenen Reflexschaltung ausgeführt ist. Derselbe hat 5 Lampen, wovon 2 Lampen für den Niederfrequenzverstärker verwendet sind, um einen Lautsprecherbetrieb zu ermöglichen. Leider fehlt mir die Angabe über die erzielten Reichweiten.

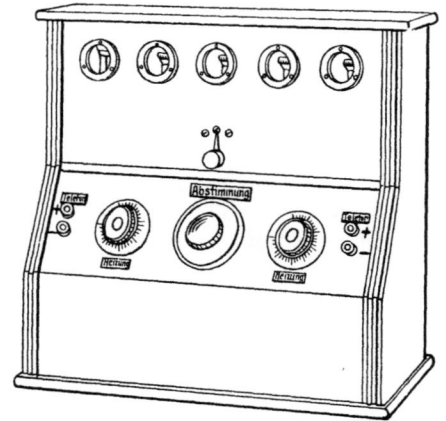

Abb. 26. Baumgart-Empfänger für den Wiener Rundfunk.

b) **Vierfachhochfrequenzverstärker mit Zweifachniederfrequenzverstärker.**

Der Rahmen. Zum Empfang von Rundfunkwellen ist dem Rahmen etwas mehr Beachtung zu schenken, als dies im allgemeinen zur Aufnahme langer Wellen nötig ist. Ein Nebeneinanderlegen der Drahtwindungen empfiehlt sich nicht, ebenfalls soll man die kleine Mehrausgabe nicht scheuen und Hochfrequenzlitze verwenden. Die Kantenlänge des Rahmens von 1 m dürfte jedoch auch

32 Bau von Rahmenempfangsanlagen mit Hochfrequenzverstärkern.

hier ausreichen. Größere Abmessungen machen diesen im Gebrauch, falls er nicht einen ständigen Ort zugewiesen bekommen kann, unbequem. Die Windungen sind in einer Steigung von 10 mm aufzubringen und beträgt die Windungszahl 10—15. Der allgemeine Aufbau geht aus Abb. 9 hervor, lediglich zur Aufnahme der Hochfrequenzlitze erfährt

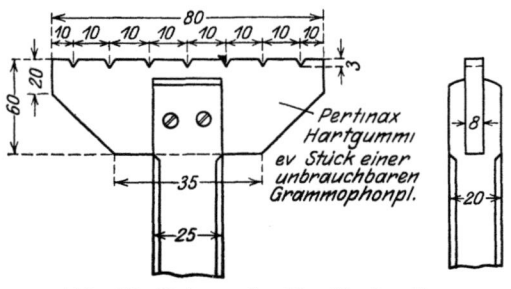

Abb. 27. Rahmen für Rundfunkwellen.

dieser nach Abb. 27 eine Veränderung. Die Skizze ist ohne weiteres verständlich, so daß sich eine besondere Beschreibung erübrigt.

Schaltbild und Aufbau. Aus der Abb. 28 ersieht man, daß auch dieser Hochfrequenzverstärker widerstandsgekoppelt ausgeführt ist. Entgegen der allgemeinen Erfahrung und Meinung ist mit dieser Empfangsanordnung Hervorragendes erreicht worden. Nach der schweizerischen Fachzeitschrift „Radio" hat man in Bern mit Rahmen die englischen Konzerte im Lautsprecher aufgenommen. Allerdings wird, wie aus dem Schaltbild Abb. 28 ersichtlich, ein bei uns wohl kaum bekannter Kondensator, der sog. Kompensator Abb. 28a, zur Erzielung des Rückkopplungseffektes benutzt. Dieser hat 2 feste Plattensätze II und III und einen beweglichen I von etwa 100 cm Kapazität.

Dem Rahmen parallel ist der Abstimmkondensator A von etwa 1000 cm gelegt.

C ist der Kompensator, dessen feste Platten II und III einmal über den Schalter B mit der Anode des ersten Rohres, das andere Mal mit der Anode des dritten oder vierten Rohres (ausprobieren!) verbunden ist. Es muß auch ausprobiert werden, ob der Schalter B geöffnet oder geschlossen sein muß! Der bewegliche Plattensatz I ist mit dem Gitter der ersten Röhre verbunden. Mittels dieses Kompensators werden das Gitter der ersten Röhre und das der zweiten resp. vierten elektrostatisch beeinflußt, und es wird so ein Rückkopplungseffekt erzielt.

Die Anodenableitungen w_1, w_2 und w_3 haben einen Ohmschen Widerstand von etwa 80 000 Ω. Dies richtet sich

Vierfach-Hochfrequenzverstärker mit Zweifach-Niederfrequenzverstärker. 33

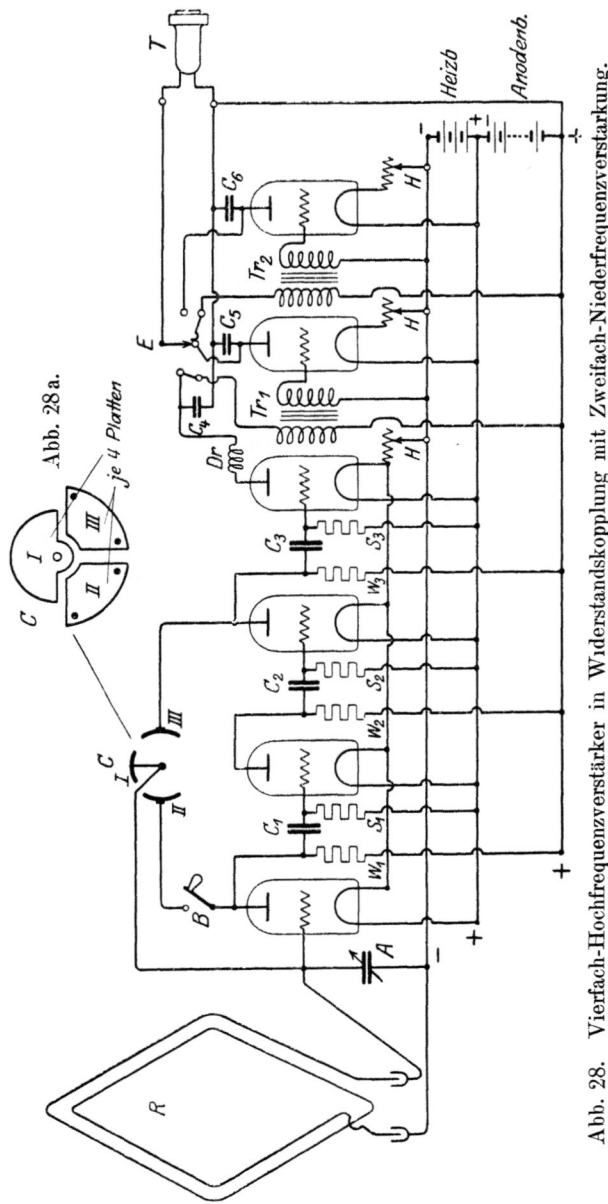

Abb. 28. Vierfach-Hochfrequenzverstärker in Widerstandskopplung mit Zweifach-Niederfrequenzverstärkung.

nach den verwendeten Röhren, es können Silitstäbe Verwendung finden.

Die Gitterableitungen S_1, S_2 und S_3 sind Silite von etwa $5 \times 10^6 \, \Omega$. Man erhält mitunter bessere Resultate, wenn man sie alle oder einzelne fortläßt, was man durch Probieren feststellt. Die Gitterkondensatoren C_1 und C_2 haben 90 cm. Man stellt sie her, indem man 2 Stanniolblättchen von etwa 8 qcm durch ein Glimmerblättchen getrennt in der Art der normalen Blockkondensatoren montiert. Der Gitterkondensator C_3 hat etwa 30 cm, ist also nur $1/3$ der Kondensatoren C_1 und C_2 und entsprechend herzustellen.

Für die 4 ersten Rohre kann man einen gemeinsamen Heizwiderstand, der entsprechend der 4fachen Stromstärke einer Lampe dimensioniert sein muß, verwenden. Es empfiehlt sich jedoch auch hier für jede Röhre einen gesonderten Heizwiderstand einzubauen, man ist dann von den Lampen weniger abhängig, da man jede gesondert regulieren kann. Die beiden Niederfrequenzlampen erhalten je einen gesonderten Heizwiderstand.

Die Drossel Dr hat einen Widerstand von etwa 300 Ω. Man stellt sie her, indem man ca. 56 m Widerstandsdraht (Nickelin) von 0,1 mm Durchmesser auf eine kleine Holzrolle in einer einzigen Lage wickelt. Die genaue Länge des Drahtes stellt man durch den Versuch fest.

Die Kondensatoren C_4, C_5 und C_6 sind einfache Blockkondensatoren von etwa 2000 cm.

Die Niederfrequenztransformatoren Tr_1 und Tr_2 haben die Verhältnisse 1 : 5 und 1 : 3 (5000 : 25000 und 5000 : 15000 Windungen!).

Heiz- und Anodenbatterie richtet sich nach den verwendeten Lampen.

c) **Vierfach-Hochfrequenzverstärker aperiodisch gekoppelt.**

Bessere Resultate erreicht man, wenn man zur Kopplung der einzelnen Hochfrequenzstufen Transformatoren verwendet. Da im vorliegenden Falle eine Abstimmung der einzelnen Kreise nicht vorgenommen wird, so nennt man diese Art durch Hochfrequenztransformatoren gekoppelte Verstärker „aperiodisch" gekoppelt.

Der Aufbau muß hier schon sorgfältiger vorgenommen werden, besondere Aufmerksamkeit ist den Hochfrequenztransformatoren zuzuwenden, von deren guter Arbeit und Funktion das gesamte Resultat abhängt. Zur weiteren Erhöhung der Reichweite ist die induktive Rückkopplung angewandt. Wenn hier die Bezeichnung „aperiodisch" gewählt wird, so ist das nicht ganz zutreffend. Für eine bestimmte Arbeitswelle wird der Empfänger immer am besten arbeiten. Aber man kann durch Kunstgriffe, wie Bewicklung mit Widerstandsdraht, Eisen in Pulverform mit Paraffin als Träger, die Dämpfung des Hochfrequenztransformators erhöhen und diesen somit für ein breiteres Wellenband brauchbar machen. Man wird sich jedoch immer einige Transformatoren verschiedener Abmessungen herstellen, um durch Auswechseln auch andere Wellenbereiche gut überbrücken zu können. Sind die Transformatoren einmal festgelegt, so bedarf es keiner weiteren Einstellung mit Ausnahme der Empfangswellen und evtl. der Rückkopplung, so daß die Bedienung sehr einfach ist.

Es ist unbedingt zu empfehlen, eine unterteilte Anodenbatterie zu verwenden, da man mit Hilfe einer solchen durch Abstöpseln leicht in der Lage ist, die günstigste Anodenspannung zu greifen.

Für den Rahmen gilt das unter Abschnitt II b Gesagte.

Schaltbild und Aufbau. R ist der vorbeschriebene Rahmen, es empfiehlt sich die Verbindung zwischen Rahmen und Empfänger so kurz als möglich zu machen, in jedem Falle vermeide man eine verdrillte Zuleitung. Zur Erweiterung des Wellenbereiches wird bei L eine stöpselbare Honigwabenspule verwendet, die mit der Rückkopplungsspule L_2, ebenfalls eine auswechselbare Honigwabenspule, leicht zu koppeln sein muß. (Für Rundfunk a. 35—50 Wind.) Abb. 29.

Als Abstimmkondensator A ist ein Drehkondensator von 500 oder 1000 cm zu verwenden. Jede Röhre erhält einen gesonderten Heizwiderstand, dessen Dimensionierung sich nach den verwendeten Röhren richtet.

Der Gitterkondensator des Audions hat etwa 200—300 cm, je nach der verwendeten Röhre, die Gitterableitung das Audion hat 3×10^6 bis 5×10^6 Ω und muß ausprobiert werden.

Wir kommen nun zum wesentlichsten Teil des Verstärkers, von dessen Wirkung das ganze Resultat abhängt, zu den Hochfrequenztransformatoren. Entsprechend deren Wichtigkeit soll der Bau etwas ausführlich behandelt werden, die käuflichen Hochfrequenztransformatoren entsprechen nicht immer den günstigsten Bedingungen, die Selbstanfertigung ist nicht besonders schwierig und sehr zu empfehlen.

Der verwendete Draht soll Baumwollumspinnung haben, da Seidenumspinnung eine große zusätzliche Dämpfung verursacht. Den Spulenkörper der inneren Spule nehmen wir aus weichem Holz, etwa den mittleren Teil einer Garnrolle und kochen ihn zwecks guter Isolation in Paraffin.

Auf dieses runde Holzstück von etwa 30 mm Durchmesser und 40 mm Länge wickeln wir als „Primärwicklung" 100 Windungen eines 0,2 mm star-

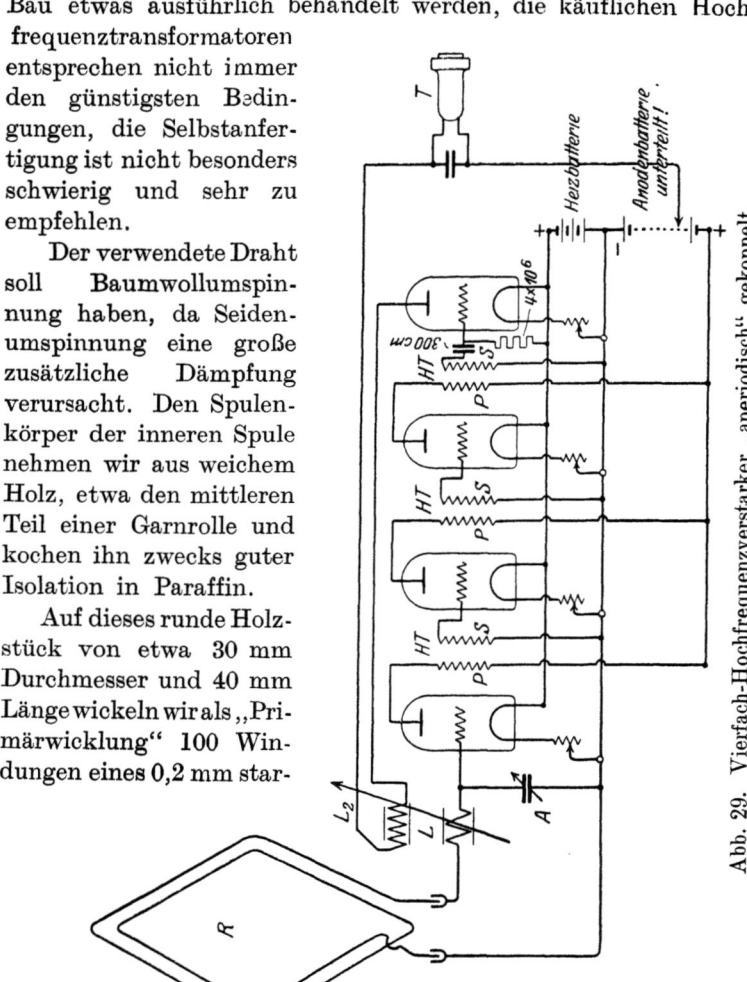

Abb. 29. Vierfach-Hochfrequenzverstärker „aperiodisch" gekoppelt.

ken, mit Baumwolle umsponnenen Nickelindrahtes, Abb. 29a.

Die Enden der Windungen führen wir nach außen, um diese dann mit der Röhre (Anode) und dem + -Pol der Anodenbatterie zu verbinden. Haben wir eine passende Papphülse, die sich bequem über die Primärspule schieben läßt, so verwenden wir eine solche, verneinendenfalls fertigen wir uns diese wie folgt an. Wir wickeln über die Wicklung der Primärspule dünnen Bindfaden, Lage bei Lage, nachdem wir über die Primärwindung zu deren Schutz ein dünnes Papier gebracht haben. Hierauf schneiden wir aus starkem Packpapier einen Streifen von 22 mm Breite und etwa 400 mm Länge. Diesen Streifen bestreichen wir mit Leim und wickeln ihn, die geleimte Seite nach außen, um die Bindfadenlage der Primärspule herum. Durch Binden mit Schnur verhindert man ein Sichlösen des Zylinders. Ist der Leim getrocknet, dann zieht man die innere Schnurlage heraus und kann nun den fertigen Zylinder für die Sekundärwicklung bequem abnehmen.

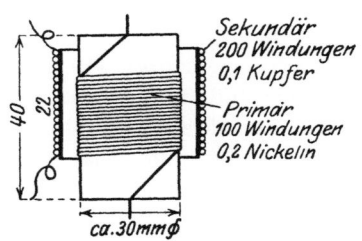

Abb. 29a. Hochfrequenztransformator.

Jetzt bringt man auf diesen Körper, 1 mm vom Rande beginnend, die Sekundärwicklung auf. Diese besteht aus 0,1 mm starkem, mit Baumwolle besponnenem Kupferdraht und hat 200 Windungen. Die Ableitungen macht man aus Litze, welche man gut verlötet (säurefrei!) und am Zylinder durch Binden befestigt, um ein Abreißen des dünnen Drahtes zu verhindern. (Siehe auch Anfertigung einer Drossel Abb. 20a—c). Nach Fertigstellung werden die Spulen in flüssiges Bienenwachs getaucht. Bienenwachs ergibt die geringste zusätzliche Dämpfung und verhindert das Atmen der Spule, hervorgerufen durch die Feuchtigkeit der Luft und die Temperatureinflüsse.

Nach Einbau in den Verstärker wird durch Verschieben der Spulen die richtige Kopplung festgestellt, diese Lage festgehalten und durch Bienenwachs vergossen. Mit derartig gefertigten Spulen erzielt man gute Resultate.

Um Hochfrequenztransformatoren zum Auswechseln zu haben wählt man verschiedenartige Wicklungsverhältnisse. Im allgemeinen soll bei einer zu empfangenden Rundfunkwelle von 500 m die Eigenwelle des Transformators etwa 150 m sein.

Man kann die Rückkopplung durch L_2 dadurch ersetzen, daß man in die Anodenleitung Audion — Telephon ein Variometer einbaut.

Wie schon gesagt, hat diese Schaltung den besonderen Vorzug, daß nach Festlegung des Hochfrequenztransformatoren keine Abstimmung der Kreise weiterhin nötig ist.

d) **Vierfachhochfrequenzverstärker, Sperrkreisschaltung.**

Statt aperiodische Hochfrequenztransformatoren zu benutzen, kann man diese mit viel Erfolg durch abgestimmte Sperrkreise ersetzen. Passende Honigwabenspulen mit einem Drehkondensator von etwa 250 cm kombiniert, geben billige und doch gute Konstruktionselemente. Drehkondensatoren von 500 cm oder gar 1000 cm sind unbrauchbar, da diese hier außerordentlich dämpfen. Diese Sperrkreiskopplung ist sowohl für lange, wie für kurze Wellen gleich gut geeignet und wird im Auslande vielfach angewandt. Durch die bequem austauschbaren Honigwabenspulen, deren Wirkungsgrad recht hoch ist, ist man in kurzer Zeit leicht in der Lage, von den Rundfunkwellen auf lange Wellen überzugehen. Sehr gut sind die Spulen von Dr. Seibt, sowie auch die neuerdings unter dem Namen „Universalspule" gekapselten Spulen in Korbbodenwicklung.

Mit einem Satz derartiger Spulen von 25, 35, 50, 75, 100, 150, 200, 250, 300, 400 und 500 Windungen ist man in der Lage, einen Wellenbereich von etwa 150—4000 m zu beherrschen. Es wird sich allerdings im Interesse der Empfangslautstärke und zur Herabminderung der Verluste bei Rahmenempfang empfehlen, zur Aufnahme der Wellen etwa über 1500 einen Rahmen mit etwas mehr Windungen zu bauen.

Bei dieser, wie übrigens auch bei der vorbeschriebenen Transformatorenkopplung ist im allgemeinen mit 3 Verstärkungskreisen, und das auch nur bei sorgfältigster Arbeit, die obere Grenze erreicht, da sonst unerwünschte Selbsterregung eintritt und der Verstärker sehr zum Pfeifen neigt. Ein solcher Hochfrequenzverstärker mit 2—3 Verstärkungskreisen leistet jedoch trotz seines verhältnismäßig einfachen Aufbaues ganz Bedeutendes. Natürlich kann die übliche Niederfrequenzverstärkung auch hier angefügt werden.

Sehr kritisch, besonders bei kurzen Wellen, ist die Abstimmung der Sperrkreise. Diese muß kontinuierlich variabel sein, deshalb ist ein Drehkondensator parallel zur Sperrkreisspule gelegt. Variometerabstimmung ist nicht empfehlenswert. Als Drehkondensator wählt man einen solchen von etwa 250 cm, bei Verwendung größerer Kapazitäten ist, abgesehen von der schwierigeren Einstellungsmöglichkeit, bereits ein merkbarer Verlust an Lautstärke zu bemerken.

[Bei langen Wellen kann man auch den Sperrkreis, wie vorbeschrieben, mit gutem Erfolg durch entsprechende Silitstäbe (75 000—80 000 Ω) ersetzen].

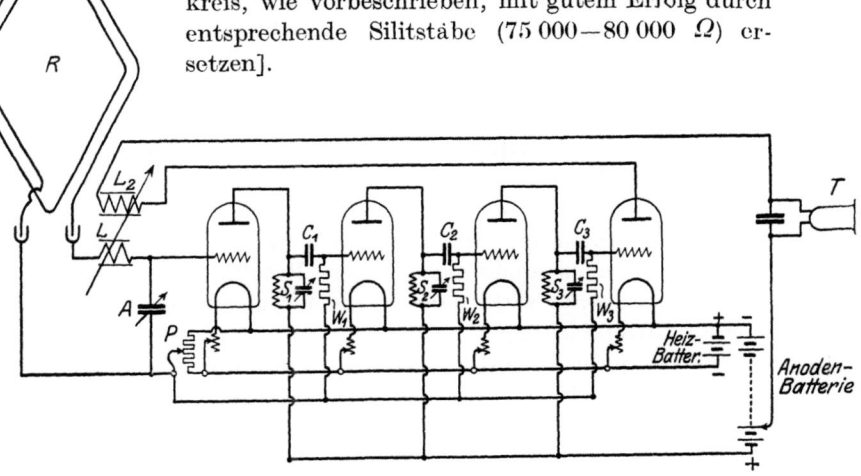

Abb. 30. Vierfach-Hochfrequenzverstärker „Sperrkreisschaltung".

Es sei nochmals besonders darauf hingewiesen, daß alle Verbindungen, mit Ausnahme etwa der Heizleitungen, besonders im Hochfrequenzteil so kurz wie möglich gehalten werden. Man wahre aber im Aufbau eine genügende Entfernung, um unerwünschte Kopplungen und schädliche Kapazitätswirkungen zu vermeiden. Auch zu viele und zu große Schraubenmuttern, Unterlegscheiben u. dgl. vermeide man, da diese die Röhrenkapazität vergrößern. Am zweckmäßigsten ist es, die Verbindungen zu verlöten, dann können auch kaum Fehler und Störungen durch Wackelkontakte, diese „Radio-Teufelchen" schlimmster Art, auftreten.

Schaltung und Aufbau. Wie schon eingangs angegeben, ist die Isolation der gesamten Anordnung sehr wesentlich für das Gelingen der Arbeit. Die Montageplatte wähle man hier, wie bei allen anderen Hochfrequenzverstärkern, aus Hartgummi. Allenfalls geht noch trockenes, weiches Holz, das a u s g i e b i g in Paraffin gekocht worden ist, am besten im Vakuum. Das Schaltbild Abb. 30 zeigt die

Einzelheiten der Konstruktion und ich kann mich wohl nach dem Vorausgesagten auf die Angabe der einzelnen Größen beschränken. Der Rahmen besteht, wie vorbeschrieben (Abb. 27), aus 6 bis 8 Windungen, die dazugehörige Selbstinduktion L, eine Honigwabenspule, hat für eine Welle von 500 m 35 Windungen, der Abstimmkondensator A hat etwa 1000 cm. Es genügt auch ein solcher von 500 cm, den Unterschied gleicht man durch L aus.

Die Sperrkreise S_1, S_2 und S_3 haben dann eine Honigwabenspule von 50 Windungen und sind mit einem Drehkondensator von 250 cm parallel geschaltet.

Die Gitterkondensatoren C_1 und C_2 haben etwa 300 — 400 cm, der Gitterkondensator C_3 etwa 200—250. Hier wie bei den Gitterableitungen, Silite w_1, w_2, w_3, die in der Größenordnung 1×10^6 — 5×10^6 zu wählen sind, sind die verwendeten Röhren maßgebend. Unter Umständen erhält man bessere Resultate, wenn man w_1 und w_2 fortläßt, es wirkt dann irgendeine unvollkommene Isolation als Gitterableitung.

Die Gitterableitung des Audion w_3 muß unter Umstanden an den + - Pol der Heizleitung oder parallel C_3 geführt werden. Zur feineren Beeinflussung der „Gittervorspannung" wird hier ein Potentiometer von etwa 500 Ω bis 1000 Ω Gesamtwiderstand eingefügt. Mit seiner Hilfe kann man in gewissen Grenzen die Pfeifneigung beeinflussen und die Empfangslautstärke erhöhen. Falls man nicht zurechtkommt, kann es auch fortbleiben; ebenso kann es bei den anderen Schaltungen zwecks Verfeinerung hinzugefügt werden.

Die Rückkopplung arbeitet vorliegend auf L, und L_2 hat etwa 50 Windungen. Die Rückkopplung L_2 kann man auch auf eine Sperrkreisspule wirken lassen, man verliert dann jedoch etwas an Lautstärke. Ein in die Leitung Audion—Anode—Telephon geschaltetes Variometer wirkt auch als Rückkopplung. Es wird hier nochmals daran erinnert, daß die Rückkopplungswirkung vom Wicklungssinn der Spulen und den Zuleitungsanschlüssen abhängt. Macht sich keine Dämpfungsreduktion bemerkbar, dann sind die Zuleitungsanschlüsse zu vertauschen, evtl. die Spulen umzustöpseln.

e) Superregenerativempfänger.

Diese von dem bekannten Amerikaner Armstrong angegebene und durchgearbeitete Schaltung hat den besonderen Vorzug, bis dahin unbekannte Verstärkungen mit Hilfe weniger Rohre zu erreichen. Infolgedessen eignet sich diese Schaltung gut für Rahmenempfang, dies um so mehr, da es kaum vermieden werden kann, daß der Empfänger Schwingungen in der Antenne hervorruft, die bei Verwendung einer Hochantenne sich für die nachbarlichen Funkteilnehmer unangenehm bemerkbar machen können. Die Empfangsresultate unter Verwendung eines Rahmens von etwa 1 m Kantenlänge, kommen denen eines 5—6-Röhrengerätes nahezu gleich, woraus eine bedeutende Kostenersparnis in Herstellung und Betrieb folgt.

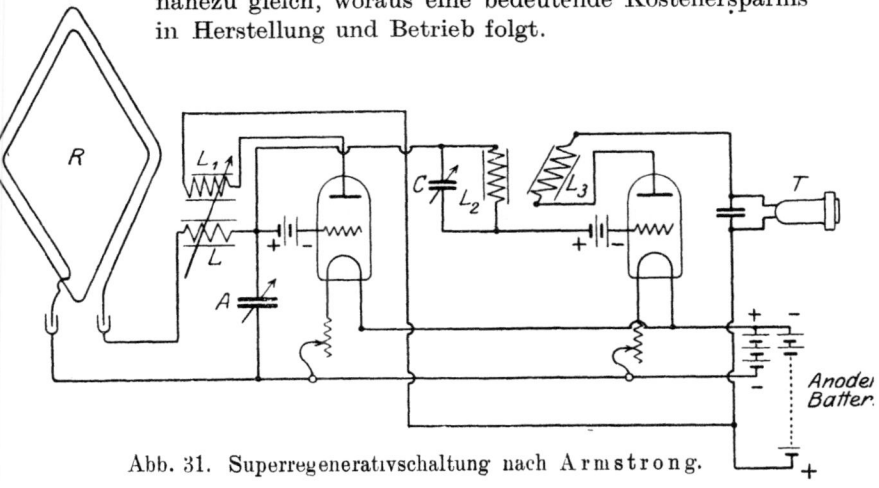

Abb. 31. Superregenerativschaltung nach Armstrong.

Ohne auf die Theorie dieser Schaltung näher einzugehen, sei vorausgeschickt, daß diese ungewöhnliche Verstärkung dadurch erreicht wird, daß man L_1, Abb. 31, beliebig fest mit dem Gitterkreis koppeln kann, ohne daß dabei die Röhre in kontinuierliche Eigenerregung gerät, womit man theoretisch unendlich hohe Verstärkung erzeugen könnte. Um dies zu erreichen, muß der Gitterwiderstand periodisch kleiner als Null, also negativ sein. Nach der angewandten Schaltung wird dies dadurch erreicht, daß man an das Gitter eine Hilfsfrequenz von am zweckmäßigsten 15 000 Perioden legt. Diese Hilfsfrequenz wird von der zweiten Röhre unter Vermittlung von $L_2 - L_3$ geliefert.

Schaltung und Aufbau. Der Rahmen in der vorbeschriebenen Ausführung mit 7 Windungen wird mit der Selbstinduktion L, einer Honigwabenspule von 35 Windungen, hintereinander geschaltet, Abb. 31.

Mit Hilfe des parallel geschalteten Drehkondensators A von etwa 1000 cm wird auf die Empfangswelle abgestimmt. Durch verschieden große Honigwabenspulen kann man leicht und bequem den Wellenbereich verändern. L_1 hat dann 50 Windungen.

Man kann an Stelle von L und L_1 einen sog. „Variokoppler" mit unterteilten und durch einen Schalter wählbaren Abzweigen nach Abb. 31a verwenden. Der feste Teil mit etwa 60 Windungen von 0,8 mm Kupferdraht in 6 Anzapfungen bildet die Selbstinduktion L, der bewegliche Teil bildet die Rückkopplung L_1, diese Kopplungsspule soll etwa 100 Windungen eines 0,2 mm Kupferdrahtes haben.

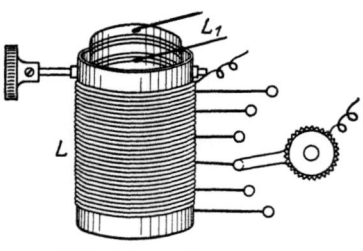

Abb. 31a. Variokoppler.

L_2 ist eine Honigwabenspule von 1500 oder 1250 Windungen, unter Parallelschaltung eines Drehkondensators C von 500 cm, zur Einstellung der Hilfsfrequenz (etwa 15 000 Perioden). L_2 ist einesteils, unter Zwischenschaltung der Gittervorspannung, an das Gitter der ersten Röhre, andernteils an das der zweiten Röhre gelegt.

Als Spannungsquelle für die Gittervorspannung verwendet man praktisch Taschenlampenbatterien, deren Vergußmasse entfernt ist, um an die einzelnen Zellen anlegen zu können, falls 4,5 Volt zuviel Vorspannung ergeben sollten. Man kann natürlich auch einzelne Elementchen verwenden, die man nach Bedarf schaltet. Die Betriebsspannung hängt von den verwendeten Röhren ab und muß am fertigen Empfänger durch Versuch festgelegt werden.

Die Kopplung zwischen L_2 und L_3, einer Honigwabenspule von etwa 1250 oder 1500 Windungen, wird durch den Versuch festgestellt und ist meist sehr lose.

Große Aufmerksamkeit ist darauf zu verwenden, daß keine gegenseitigen Induktionen auftreten, auch ist bei Verlegung der Leitungen darauf zu achten, daß unnötige Induktionen vermieden werden und ungewollte Kopplungen nicht eintreten.

Als Röhren sind solche mit hoher Emission, also Oxydkathodenröhren, besonders zu empfehlen.

Mit 7 Rahmenwindungen und einer Honigwabenspule von 35 Windungen kommt man auf eine Welle von etwa 400 m. Es ist darauf zu achten, daß zusammengehörige Spulenpaare den gleichen Wicklungssinn haben, da sonst keine Überlagerung zustande kommt.

Die erste Inbetriebnahme und Einstellung ist nicht ganz einfach und soll deshalb unter Berücksichtigung der besonders kritischen Punkte etwas genauer mit Hinweis auf Beseitigung der Fehler behandelt werden.

Um auf die Welle 400 m zu kommen, verwendet man, wie gesagt, bei unserem Rahmen von 7 Windungen für L eine Honigwabenspule von 35 Windungen oder, wird ein Variokoppler benutzt, etwa 20 Windungen.

Jetzt müssen wir die Röhre II, die die Hilfsfrequenz von 15 000 Perioden erzeugen soll, zum Schwingen bringen. Der Drehkondensator C wird auf seinen Maximalwert gestellt und die Röhre voll geheizt, nun nähert man L_3 der Spule L_2, bis das Rohr „pfeift". Durch Drehen des Kondensators C kann man den Pfeifton verändern. Setzt das Pfeifen trotz fester Kopplung von L_3 mit L_2 nicht ein, so muß man eine andere Gittervorspannung unter Veränderung des Kondensators C versuchen. Setzen noch keine Schwingungen ein, so ist die Schaltung nicht in Ordnung, oder es liegen Kontaktfehler vor.

Hat man die Röhre II zum Schwingen gebracht, dann beheizt man die Röhre I. Der Abstimmkondensator A wird auf seinen Minimalwert gebracht, und die Rückkopplung L_1 wird fester und fester gemacht, bis das bekannte Knacken im Telephon das Einsetzen der Erregung der Röhre I anzeigt. Berührt man die Gitterleitung der Röhre I und hört beim Anfassen und Loslassen im Telephon einen merkbaren Krach, dann schwingt die Röhre.

Ist die Röhre I nicht zum Schwingen zu bringen, so versuche man eine andere Gittervorspannung, oder man verwende eine andere Windungszahl für L. Schließlich ist es auch möglich, daß die Anschlüsse der Rückkopplungsspule L_1 umgetauscht werden müssen.

Wenn nun beide Röhren schwingen, so nimmt man einen Wellenmesser in Summererregung und stimmt das Gerät auf die zu empfangende Welle ab. Durch Veränderung von L_2 und Gitterspannung sucht man die beste Empfangslautstärke. Die

Güte des Empfanges wird durch den Drehkondensator C eingestellt.

Treten beim Abstimmen durch Änderung von A, L_1 oder C eine Reihe von Überlagerungstönen auf, so ist der Empfänger nicht richtig einreguliert. Unter gleichzeitiger Veränderung von A und L_1 versuche man eine andere Gittervorspannung. Die Gittervorspannung ist dann die rechte, wenn sich A um einen gewissen Bereich, einen möglichst breiten, drehen läßt, ohne daß sich Zwitschertöne einstellen.

.Wenn man die Sprache und die Musik nur verzerrt hört, dann ist die Hilfsfrequenz zu niedrig, und es treten Interferenzen auf. Abhilfe schafft man durch Erhöhung der Hilfsfrequenz, indem

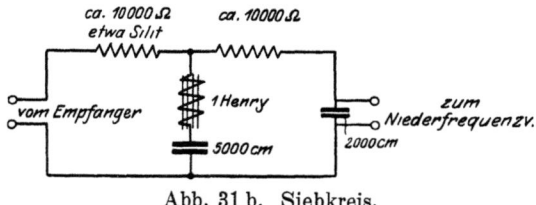

Abb. 31 b. Siebkreis.

man weniger Kapazität einschaltet oder bei L_2 eine Spule mit niedrigerer Windungszahl stöpselt, wobei man darauf achten muß, daß der Wicklungssinn nicht verändert wird.

Will man einen Niederfrequenzverstärker anschließen, dann muß ein Siebkreis (Abb. 31 b) zwischengesetzt werden. Mehr als ein Niederfrequenzrohr zu verwenden hat keinen Wert, da dann die Stör- und Nebengeräusche eine erträgliche Wiedergabe unmöglich machen.

Die normale und jederzeit mögliche Reichweite des einwandfrei funktionierenden Gerätes ist etwa 250 km.

Zum Schlusse eine Bemerkung über den Einfluß der Wellenlänge auf die Verwendung des Superregenerativempfängers. Das Wesen der Superrückkopplung unter Verwendung einer Hilfsfrequenz von 15 000 Perioden, die abwechselnd verstärkenden negativen und schwächenden positiven Gitterwiderstand erzeugt, bedingt, daß die Verstärkung bei den kleineren Wellen, den gebräuchlichen Rundfunkwellen, eine größere ist als bei Wellen über 1000 m. Daraus folgt, daß gerade diese Methode des Empfanges für die Rundfunkwellen am besten geeignet ist.

f) Der Neutrodyneempfänger.

Während wir beim Superregenerativempfänger nach einer ganz neuen Methode zur Erzielung der großen Verstärkung arbeiteten, nämlich mit der Einführung eines mit der Frequenz von etwa 15 000 Perioden in der Sekunde wechselnden, negativen und positiven Widerstandes an das Gitter, haben wir im Neutrodyneempfänger (auch Hazeltine-Empfänger nach Prof. Hazeltine genannt) im großen und ganzen einen alten Bekannten vor uns. Ein Blick auf das Schaltbild Abb. 32 läßt uns sofort erkennen, daß es ein Hochfrequenzverstärker, durch Transformatoren gekoppelt, ist. Die beim normalen derartigen Verstärker unangenehm werdende Röhrenkapazi-

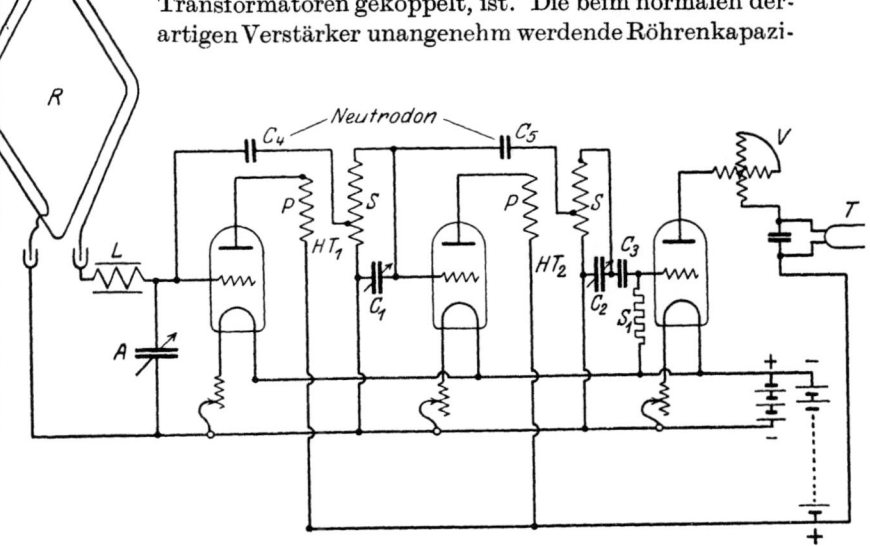

Abb. 32. Neutrodyneschaltung.

tät wird hier durch einen kleinen Kondensator, den „Neutrodon", ausgeglichen, deshalb die Bezeichnung „Neutrodyne-Empfänger".

Obschon man durch den reinen Rahmenempfang eine weitgehende Störbefreiung erreicht, wird diese durch den Neutrodyne-Empfang bei einfachster Bedienung noch vergrößert. Er hat den großen Vorzug, daß ein Gerät in dieser Schaltung fast überhaupt nicht zum Pfeifen neigt. Dabei verursacht die Herstellung dem geübten Amateur kaum Schwierigkeiten.

46 Bau von Rahmenempfangsanlagen mit Hochfrequenzverstärkern.

Um die Wirkungen des Neutrodyne-Empfanges zu erreichen, muß die innere Kapazität einer jeden Hochfrequenzlampe neutralisiert werden; dies wird, wie schon oben gesagt, durch den „Neutrodon" erreicht. Dieser ist nichts weiter als ein Kondensator kleinster Kapazität. Die hier benötigte Kapazität ist für die üblichen Röhren recht klein, ca. 4 cm. 2 Metallplatten von etwa 10 mm Durchmesser, die einen Abstand von etwa 2—3 mm haben, genügen. Diese sind wie aus Abb. 32 ersichtlich zu schalten. Der genaue Wert wird durch das Experiment nach Fertigstellung gefunden. Die Hochfrequenztransformatoren sind der wesentlichste Teil, die Herstellung ist später angegeben. Beim Einbau ist sehr darauf zu achten, daß diese sich gegenseitig nicht beeinflussen. Sie sind deshalb möglichst weit auseinander aufzumontieren. Auch dürfen sich die Spulenfelder nicht schneiden, was man durch Neigen der Spulen erreicht. Für die Anfertigung gilt im allgemeinen das unter „c) Vierfachhochfrequenzverstärker, aperiodisch gekoppelt", Gesagte.

Schaltung und Aufbau. Der Rahmen hat, wie bisher, 7 Windungen einer guten Hochfrequenzlitze. Die zusätzliche Selbstinduktion ist eine Steckspule von 35—50 Windungen für den Rundfunk; der Abstimmkondensator A ist ein Drehkondensator von 500 oder 1000 cm. Der Gitterkondensator C_3 hat je nach der Röhre, die verwendet wird, 200—300 cm. Die nach Bedarf benötigte Gitterableitung S_1 hat die Größenordnung $1 \times 10^6 - 5 \times 10^6$ (Silit).

Nun kommen wir zu einem wesentlichen Schaltelement, zu den Hochfrequenztransformatoren HT_1 und HT_2.

Die primäre Wicklung, Abb. 32, verbindet jeweils die Anode der zugehörigen Röhre mit dem $+$-Pol der Anodenbatterie. Die sekundäre Wicklung hat nach der 20. Windung eine Anzapfung, welche über den Neutrodon C_4 resp. C_5 mit dem Gitter der vorhergehenden Röhre verbunden ist. Der Anfang liegt an dem $-$-Pol der Heizbatterie, das Ende am Gitter der nächsten Röhre. Dieser Sekundärwicklung ist ein Drehkondensator C_1 resp. C_2 von etwa 500 cm parallel geschaltet, wodurch dieser Kreis abstimmfähig wird. Daher wirken diese beiden Kreise auch als sog. Siebkreise und verbürgen einen reinen und selektiven Empfang.

Nun wollen wir an den Bau dieser Hochfrequenztransformatoren HT_1 und HT_2 gehen. Sie erhalten beide die gleichen Abmessungen. Man hat besonders darauf zu achten, daß bei den Spulen der Wicklungssinn immer in gleicher Richtung läuft.

Superregenerativempfänger.

Eine Papphülse von ca. 70 mm Durchmesser und 50 mm Länge wird nach Abb. 33b mit einem Kupferdraht von 0,2 mm mit Baumwolle umsponnen, in 80 Windungen bewickelt. Nach der 20. Windung macht man die Anzapfung. Seide verwende man

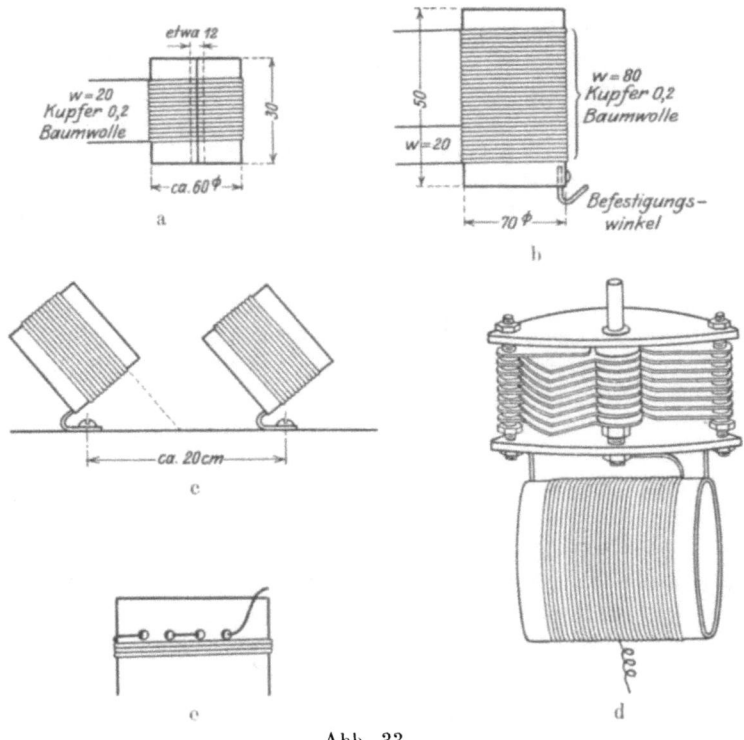

Abb. 33.

nicht, da diese eine zusätzliche Dämpfung ergibt. Damit die Enden eine gewisse Festigkeit als Ableitungen haben, nimmt man hierzu eine schwächere Litze, die man nach Abb. 33e am Spulenkörper befestigt. Die fertige Sekundärspule taucht man nun in heißes Bienenwachs, wodurch sie eine gute Isolation bekommt und sehr stabil wird. Die Primärspule soll genau in die sekundäre passen, damit die Kopplung recht fest wird. Man erreicht das leicht, wenn man aus einem Stück des obigen Pappzylinders von 70 mm Durchmesser nach Abb. 33a ein Stück von etwa 12 mm

Breite herausschneidet. Bewickelt man nun diese aufgeschnittene Hülse mit dem Kupferdraht von ebenfalls 0,2 mm Durchmesser, dann zieht sich diese so weit zusammen, daß das Ganze gerade in die Sekundärspule paßt. Um sicher zu gehen, probiert man dies, nachdem man einige Windungen aufgebracht hat. Die Primärspule bekommt 20 Windungen, der Körper ist ca. 30 mm hoch. Auch diese Spule wird in Bienenwachs getaucht.

Die Spulen dürfen sich im Apparat gegenseitig elektrisch nicht beeinflussen, darauf ist der größte Wert zu legen. Aus diesem Grunde erfolgt die Montage wie in Abb. 33c angegeben. Sie werden so schräg montiert, daß die Spulenebene in keinem Punkte die andere schneidet (gestrichelte Linie) und der Abstand voneinander soll etwa 20 cm betragen.

Nach Fertigstellung und elektrischer Justierung im Empfänger vergießt man den Zwischenraum von Primär- und Sekundärspule auch mit heißem Wachs, so daß diese fixiert sind.

Man kann diese Spulen auch gleich auf den zugehörigen Abstimmkondensator nach Abb. 33d aufmontieren.

Auch die Selbstherstellung des Entkopplungskondensators, des Neutrodons, macht keine Schwierigkeiten. Abb. 34a zeigt die käufliche, übliche Ausführung.

Auf ein Grundbrett aus Hartgummi montiert ist ein Messingdraht a von 3—4 mm, darüber ist ein Glasrohr mit 3—4 mm lichter Weite geschoben. Die beiden Enden ragen etwa $^1/_3$ der Länge des Glasrohres in dieses hinein. Über das Glasrohr ist eine Messinghülse geschoben, die mittels der Schraube d in der gewünschten Lage gehalten wird. Die Veränderung der Kapazität wird durch Verschieben der Messinghülse c bewirkt.

Abb. 34b zeigt eine Ausführungsform, die sich gut zur Selbstanfertigung eignet. Die Abbildung ist ohne weiteres verständlich. Die Messinghülse ist etwa 40 mm lang.

Eine weitere Ausführungsform einfachster Art zeigt Abb. 34c. 2 Messingwinkel auf ein Hartgummiklötzchen geschraubt sind die Träger und Anschlüsse. Die Beläge bilden 2 Schrauben mit Metallgewinde, deren Kopf etwa 10 mm Durchmesser hat. Durch Herein- oder Herausdrehen einer der Schrauben verändert man die Kapazität bis zum richtigen Betrage. Auch durch Zusammendrillen zweier gut isolierter Leitungen auf etwa 4 cm erhält man ein wirksames Neutrodon.

Das im Schema Abb. 32 in der Anodenleitung vorgesehene Variometer V bewirkt die Rückkopplung. Läßt man es heraus, dann arbeitet der Empfänger ohne Rückkopplung. Man kann auch mit einer zweiten Steckspule auf L rückkoppeln. Man justiert den Empfänger, indem man ihn auf die größte Lautstärke abstimmt. Hierauf schaltet man den Heizstrom der ersten Röhre aus. Infolge der inneren Kapazität der Röhre wird man immer noch schwachen Empfang im Telephon haben. Nun reguliert man den Neutrodon oder Entkopplungskondensator so-

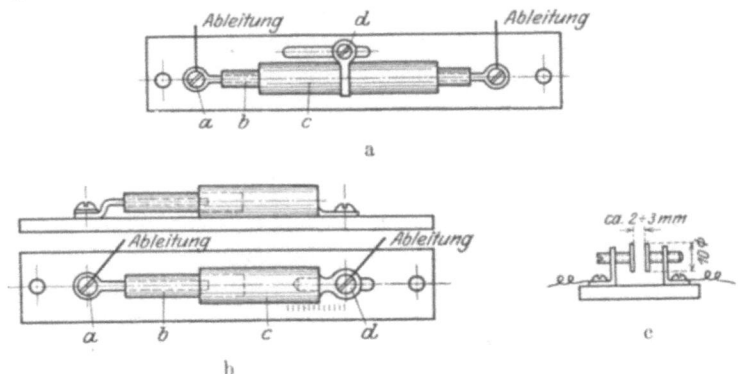

Abb. 34. Neutrodon.

lange, bis man nichts mehr hört. Nun schalten wir die erste Röhre wieder ein und verfahren mit der zweiten ebenso.

An Klarheit der Wiedergabe läßt diese Empfangsanordnung nichts zu wünschen übrig, natürlich muß sie sorgfältig durchgebildet sein, aber die Lautstärke ist im Verhältnis zur Superregenerativ- und der nachbeschriebenen Reflexschaltung geringer. Es läßt sich ohne weiteres noch eine dritte Hochfrequenzstufe einfügen und ein Niederfrequenzverstärker anschließen.

g) **Zweiröhrenreflexempfänger.**

Wenn diese Schaltungsart auch im Aufbau und der Durchkonstruktion nicht schwieriger ist als die vorbeschriebenen Arten, so stellt sie doch einige Anforderungen an die Gewandtheit und Vertrautheit auf dem Gebiete der Hochfrequenz- und Mehrfach-Verstärkung. Es treten immerhin bei diesen Schaltungen Schwierigkeiten auf, denen mit Erfolg nur begegnet werden kann, wenn man Erfahrung im Erkennen und Deuten von Einflüssen beim Empfang hat. Ist man selbst noch nicht ganz sicher, dann mache man die ersten Versuche mit den leichteren Empfangsanordnungen, damit man an diesen lernt und die Kniffe, die bei jeder Sache zu beachten sind, wegbekommt. Sonst gibt es nur Ärger und Verdruß, auch für denjenigen, der die Schaltung beschrieben hat — ein Schuldiger muß doch zu finden sein, denn an die eigene Unzulänglichkeit wird meist nicht gedacht.

Ferner soll hier noch einmal ganz besonders darauf hingewiesen werden, nur beste und einwandfreie Zubehörteile zu verwenden. Man prüfe alles gut auf Schluß und Isolation. Besonders Schaltern u. dgl. wende man die Aufmerksamkeit zu, ebenso den Verbindungen. Eine fehlerhafte Stelle gibt oft großen Verdruß, und Fehlersuchen ist keine angenehme Aufgabe, für den Geübten nicht, jedoch noch viel weniger für den Ungeübten.

Reflexschaltungen oder Doppelverstärkungen sind schon früher, etwa um das Jahr 1914, versucht worden. Man gelangte jedoch damals nicht zu befriedigenden Resultaten, und zwar lag der Mißerfolg an den damals erst im Entstehen begriffenen Verstärkerröhren. Diese waren für derartige Zwecke in ihren Wirkungen noch nicht gleichförmig genug, und man war ferner auch mit den Schwingungsvorgängen nicht erfahren genug. Im Laufe der Jahre wurden nicht nur die Verstärkerröhren ihrer Vollendung entgegengeführt, sondern man drang auch tiefer in die Theorie der inneren Vorgänge ein, so daß man die mühsam zusammengetragenen Erkenntnisse nunmehr als Ganzes verwerten konnte. Damit war der Grund für diese Schaltungsarten gelegt, und es war möglich, in dieser Richtung mit Erfolg weiter zu arbeiten.

Bei der Hochfrequenzverstärkung ist die Röhre nur zu einem Bruchteil ausgenutzt. Bei der Reflexschaltung oder Doppelverstärkung wird nun die gleiche Hochfrequenzröhre, nachdem der Strom gleichgerichtet worden ist, weiter als Niederfrequenzverstärker verwendet. Dies ist möglich, da ja die niederfrequenten Schwingungen ganz andere Amplituden haben als die Hochfrequenz, so daß sie sich gegenseitig nicht stören. Die Hauptschwierigkeit liegt in der Vermeidung ungewollter Rückkopplungen, besonders der niederfrequenten. Hierauf muß beim Verlegen der Leitungen besonders geachtet werden, Gitter und Anodenleitungen sind so kurz als möglich zu halten und so entfernt als angängig zu verlegen. Die Leitungen sollen sich, wenn unvermeidbar, nur rechtwinklig in mindestens 3 cm Abstand kreuzen.

Schaltung und Aufbau. Der Rahmen, wie vorbeschrieben, ist mit der Honigwabenspule L von 35 oder 50 Windungen einesteils an das Gitter der ersten Röhre, Abb. 35, gelegt, das andere Ende des Rahmens wird an den — -Pol

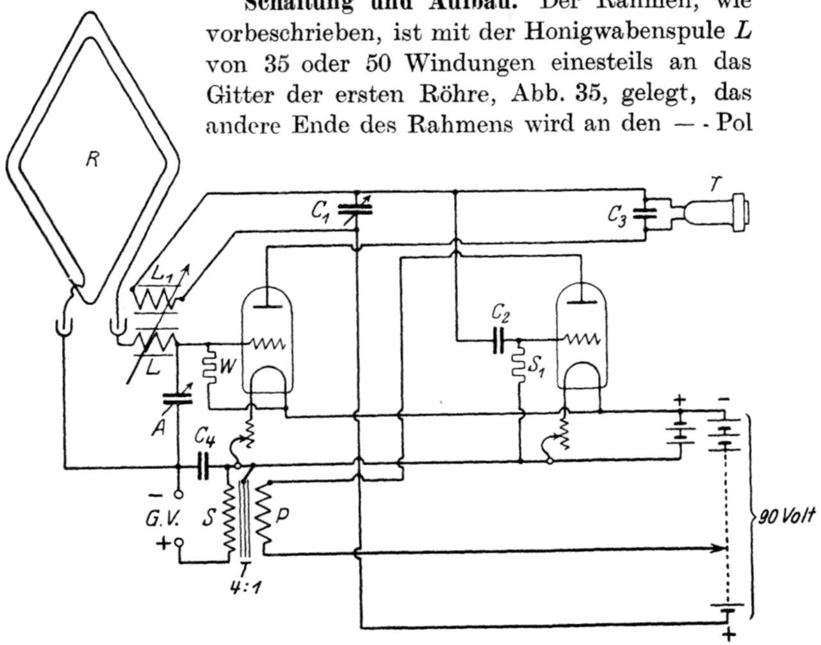

Abb. 35. Zweiröhrenreflexschaltung.

der Heizleitung geführt. Dazwischen ist der Abstimmkondensator A, ein Drehkondensator von etwa 1000 cm, geschaltet.

In Abb. 35 ist die erste Röhre, die die Doppelverstärkung bewirkt, möglichst hart zu wählen, die zweite Lampe ist die Detektorlampe.

Der Gitterableitungswiderstand w dient zur Dämpfung, falls die Apparatur in Eigenschwingung gerät. Er hat etwa 100 000 Ω und wird an + der Heizleitung gelegt; er ist meist nicht nötig. Der Gitterableitungswiderstand S_1 der Detektorröhre ist 1×10^6 bis 5×10^6, je nach der verwendeten Röhre und wird an den — -Pol oder + -Pol der Heizleitung geführt. Jede Lampe hat einen gesonderten Heizwiderstand.

Die erste Röhre ist über das Telephon T durch die Steckspule L_1 von etwa 100 Windungen auf die Steckspule L rückgekoppelt.

Der Honigwabenspule L_1 ist der Drehkondensator C_1 von etwa 500 cm parallel geschaltet, diese bilden also einen abstimmbaren Sperrkreis. Dieser abgestimmte Anodenkreis ergibt sehr selektiven Empfang und erleichtert das Schwingen.

Ein Zweig dieses Sperrkreises ist über den Gitterkondensator C_2 von etwa 250 cm mit dem Gitter der Detektorlampe verbunden. Der andere Zweig ist an den $+$-Pol der Anodenbatterie geführt.

Zur Erzielung der Doppelverstärkung liegt zwischen Rahmen und dem Heizwiderstand der ersten Lampe in der $-$-Leitung der Heizbatterie die Sekundärspule eines normalen Niederfrequenztransformators T. G. V. sind Anschlüsse an eine evtl. notwendige Gittervorspannungsbatterie, die meist von ausschlaggebender Bedeutung ist. Der Transformator hat ein Verhältnis von etwa 4 : 1 (20 000 : 5000 Windungen). Der der Sekundärspule parallelgeschaltete Blockkondensator C_4 hat etwa 300—2000 cm und muß ausprobiert werden. Er soll den Hochfrequenzströmen einen bequemen Weg ermöglichen. Unter Umständen kann er wegbleiben, falls die Kapazität der Spulenwindungen des Niederfrequenztransformators genügend ist, um ihn zu ersetzen.

Die Primärseite des Zwischentransformators T ist einmal mit der Anode der Detektorlampe verbunden, das andere Ende ist zum $+$-Pol der Anodenbatterie geführt.

Der Eisenkern des Transformators kann mit gutem Erfolg an den $-$-Pol der Heizbatterie gelegt werden.

Zum Auswählen der günstigsten Anodenspannung verwendet man stets eine möglichst feine unterteilte Anodenbatterie.

Der Telephonkondensator C_3 hat etwa 2000 cm.

Die Verwendung einer Niederfrequenzverstärkung — es wird meist nur Einrohr-Niederfrequenzverstärkung in Frage kommen — ist nur dann möglich, wenn man einen einwandfreien, unverzerrten und reinen Empfang hat.

h) Der Transponierungsempfänger.

Ein sehr hochwertiges Gerät zum Empfang ferner Stationen ist der Superheterodyne oder Transponierungsempfänger. Rundfunkstationen der üblichen Sendeenergie sind mit Rahmen in etwa 1800 km fast regelmäßig gut aufzunehmen. Dieses Gerät ist zur Zeit wohl der Idealempfänger des geübten Radioamateurs, zumal ungewünschte Sender, auch wenn die Differenz der Sendewelle nur wenige Prozent beträgt und diese in nächster Nähe des Empfängers arbeiten, herauszubringen sind. Der einzige Nachteil solcher Geräte, die nur eine einfache Bedienung bei liebevoller Behandlung erfordern, besteht darin, daß sie 7—8 Röhren benötigen und deshalb schon im Aufbau etwas kostspielig sind; dafür leisten sie aber auch Hervorragendes. In neuerer Zeit hat man einen solchen Empfänger gleicher Wirkung mit nur 6 Röhren konstruiert, er ist unter dem Namen „Tropadyne" bekannt.

Da eine Selbstherstellung für den geübten Amateur und geschickten Bastler durchaus möglich ist, soll ein 8-Röhren-Transponierungsempfänger (Ultradyne) unter Berücksichtigung sämtlicher Konstruktionselemente genau beschrieben werden.

Hier beherzige man besonders, daß der Bau derartiger Geräte nur dem geübten Amateur Erfolge verspricht, dieser muß nebenbei auch ein guter Bastler sein, wenn seine Arbeit ein befriedigendes Ergebnis zeitigen soll. Es dürfen nur erstklassige Zubehörteile verarbeitet werden, und die Größen, besonders die elektrischen, sind genau einzuhalten. Hier besonders sei oberster Grundsatz: Alles prüfen und messen, bevor ein Teil eingebaut wird. Als Lampen kommen nur Oxydlampen geringen Stromverbrauches und hoher Emission in Frage wie Nickel-Ultra, Telefunken RE 84, Dr. Löwe LA 75.

Betrachten wir zuerst die Wirkungsweise des Superheterodyne-Empfängers (nicht zu verwechseln mit Superregenerativ!). Der Empfänger hat in seinem Aufbau eine Röhre, die als Überlagerer (Hilfssender) geschaltet ist (Abb. 38, Röhre II). Dieser Überlagerer erzeugt eine Hilfsfrequenz v_1. Die Röhre I (Abb. 38) wirkt als Steuer oder Telephonieröhre und beeinflußt im Rhythmus der Empfangswelle das Gitter der Röhre II, die Frequenz der Empfangswelle sei v_2. Das Ergebnis ist eine Interferenzschwingung $v_3 = v_1 - v_2$, die erheblich niedriger ist als diejenige der Empfangswelle. Das bedeutet aber eine Transponierung der kleinen Empfangswelle auf eine große. Man hat also mit Hilfe des Überlagerers II diese kleine Rundfunkwelle in eine große Welle verwandelt.

Ein Zahlenbeispiel wird die Sache klarer machen. Der zu empfangende Sender habe eine Welle von $\lambda_2 = 300$ m $=$ einer Frequenz von $v_2 = 1\,000\,000$. Der Überlagerer sei auf eine Frequenz von 1 050 000 eingestellt. Dann ist die Schwebungsfrequenz $v_3 = v_1 - v_2 = 1\,050\,000 - 1\,000\,000 = 50\,000$. Diese Frequenz von 50 000 entspricht einer Wellenlänge von $\lambda_3 = 6000$ m. Wir haben es also weiterhin nicht mehr mit einer Empfangswelle von 300 m, sondern mit einer solchen von 6000 m zu tun. Und daraus folgt der große Vorteil dieses Empfängers. Wir können diese große Welle ohne besondere Schwierigkeiten hochfrequent verstärken und Verstärkungsgrade erreichen, die bei der Ursprungswelle von 300 m im Hochfrequenzverstärker nicht zu erreichen sind. Die Röhren *III*, *IV*, *V* und *VI* bilden einen 4fach-Hochfrequenzverstärker in Transformatorkopplung, die VI. Röhre ist als Audion geschaltet. Daran ist ein 2fach-Niederfrequenzverstärker mit Röhre *VII* und *VIII* für den Lautsprecherbetrieb angeschlossen.

Die Interferenzschwingung v_3 wird in der Praxis immer so gewählt, daß sie außerhalb des Hörbereiches liegt, worauf der Name Superheterodyne (Über-Überlagerung) zurückzuführen ist, also v_3 etwa 30 000. **Aufbau und Schaltung.** Der Rahmen besteht aus 15 Windungen, der an der 8. und 11. Windung eine Anzapfung erhält, er wird mittels zweier, getrennt geführter Litzenleitungen (nicht verdrillt!) mit dem Empfänger verbunden. Ihm ist im Empfänger der Abstimmdrehkondensator *A* von 500 cm oder 1000 cm parallel geschaltet.

Das Rohr *I* (Abb. 38) hat, wie oben gesagt, die Funktion einer Steuer- oder Telephonieröhre und ist eine reine Hochfrequenzröhre. Die Anode liegt über C_3 am Gitter der Röhre *II*, des Überlagerers, aus beiden resultiert die Interferenzschwingung v_3, die im darauffolgenden 4fach-Hochfrequenzverstärker (Röhren *III*, *IV*, *V* und *VI*) weiter verstärkt und im Rohr *VI* gleichgerichtet wird. Die Röhre *VII* und *VIII* bilden den 2fach-Niederfrequenzverstärker für den Lautsprecherbetrieb.

Die Röhre *II*, die Generatorröhre, erzeugt mit Hilfe des Schwingungskreises L_2-C_1 die Hilfsfrequenz. L_1 hat 35 Windungen von 1-mm-Kupferdraht, 2 mal Baumwolle; L_2 25 Windungen von 1-mm-Kupferdraht, 2 mal Baumwolle. Beide Wicklungen sind mit einem Abstand von 1 cm auf einen gemeinsamen Pappkörper von 8 cm Durchmesser (Abb. 37) aufgebracht. C_2 ist ein Blockkondensator von genau 1000 cm, und C_1 ist ein Luftdrehkonden-

Der Transponierungsempfänger. 55

sator von 1000 cm mit Feineinstellung zum Einregulieren der Hilfsfrequenz. Die Hilfsfrequenz v_1 wird mittels C_1 so gewählt, daß die resultierende Schwebung $v_3 = 30\,000$ wird, dann ist die Schwebungswelle 10 000 m. Für die Verstärkung dieser Welle von ungefähr 10 000 m wird der Hochfrequenzverstärker (Rohr *III IV, V* und *VI*) gebaut.

Der wesentlichste Teil des Hochfrequenzverstärkers sind seine Hochfrequenztransformatoren HT_1, HT_2, HT_3, HT_4. Ihnen ist beim Bau die größte Sorgfalt zuzuwenden. Von der guten Funktion und Abstimmung dieser hängt die Güte des Empfängers in erster Linie ab und es soll deshalb ihrem Bau ein größerer Raum gewidmet werden.

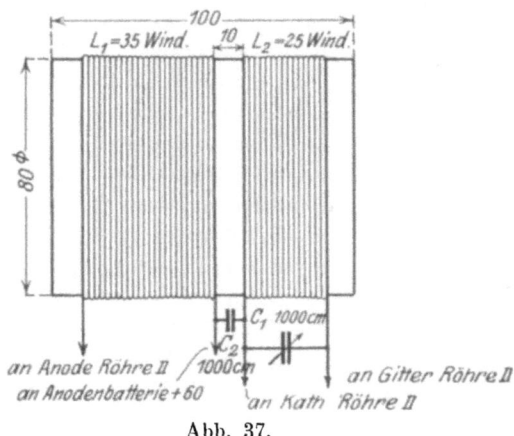

Abb. 37.

Meist werden diese Hochfrequenztransformatoren als Lufttransformatoren ausgebildet und besitzen als solche, im Gegensatz zu den Eisentransformatoren, eine recht scharfe Abstimmung, das bedeutet, daß sie die größte Verstärkung nur für ihre Eigenfrequenz geben. Oben haben wir gesagt, daß der Hochfrequenzverstärker für eine zu verstärkende Welle von 10 000 m = einer Frequenz von 30 000 gebaut werden soll, denn wir haben es ja in der Hand, mittels C_1 den Überlagerer auf ein v_3 von 30 000 für irgendeine Empfangswelle im Rundfunkbereich einzustellen.

Haben die Hochfrequenztransformatoren sämtlich eine Eigenwelle von 10 000 m, so wird man immer ein Optimum der Verstärkung bekommen. Hier beginnt jedoch die Schwierigkeit. Es ist fast unmöglich, 4 Transformatoren so zu bauen, daß sie alle genau auf die Welle 10 000 m abgeglichen sind, wenigstens nicht mit den Hilfsmitteln, die dem Radioamateur normalerweise zur Verfügung stehen, selbst wenn man sich die außerordentliche

Mühe macht, Windung an Windung zu wickeln. Die fertigen Transformatoren müssen also abgeglichen werden, und zwar möglichst genau auf die gemeinsame Welle von etwa 10 000. Da kann man sich folgendermaßen helfen. Wir fertigen die Transformatoren in den unten angegebenen Abmessungen an und machen sie fix und fertig. Dann wird der Empfänger nach Abb. 38 geschaltet. Jetzt stellt man das Gerät zum Empfang eines möglichst entfernten Senders ein und reguliert mittels C_1 auf größte Lautstärke. Nun stimmen wir die Hochfrequenztransformatoren dadurch auf gleiche Frequenz und somit größte Verstärkung ab, daß wir in die freien Hohlräume der Spulenkörper nach Bedarf dünne Eisendrähte einlegen und entfernen, dabei nicht vergessen, bei C_1 nachzuregulieren, bis die größte Lautstärke erreicht ist. Das Einlegen von Eisen bedingt, wie bekannt, auch eine Verbreiterung des Eigenfrequenzbandes der Transformatoren, so daß die Einstellung erleichtert wird. Mit Geduld und Aufmerksamkeit wird es dem geübten Amateur gelingen, die Transformatoren auf diese Weise so abzugleichen, daß sie den Anforderungen genügen. Hat man die richtige Zahl der Eisendrähte in allen 4 Transformatoren, dann werden diese mit etwas Isolierlack unverrückbar im Spulenkörper befestigt.

Diese Methode führt noch am schnellsten zum Ziele, sonst bleibt nur noch, je nach Bedarf Draht aufzubringen oder abzunehmen oder eine Serie derartiger Transformatoren herzustellen und diejenigen dann einzubauen, die am gleichmäßigsten sind.

Eine weitere Möglichkeit, die Transformatoren nach der Fertigstellung aufeinander abzustimmen, besteht darin, daß man der Sekundärwicklung eines jeden Transformators einen Drehkondensator von etwa 500 cm parallel schaltet. Mittels dieser Drehkondensatoren wird, ähnlich wie durch Einlegen von Eisendrähten, auf optimale Verstärkung reguliert, worauf dann diese Drehkondensatoren weiterhin unverändert stehenbleiben.

Aus 3 mm starken, trockenen Brettchen aus Hartholz fertigen wir den Transformatorenkörper nach Abb. 39a an und verleimen die einzelnen Scheiben gut miteinander. Man kann sich den Körper auch aus trockenem Hartholz vom Drechsler drehen lassen.

In den mittleren Raum b kommt die Primärwicklung, in die beiden seitlichen Ringräume a und a_1 die Sekundärwicklung.

Transponierungsempfänger. 57

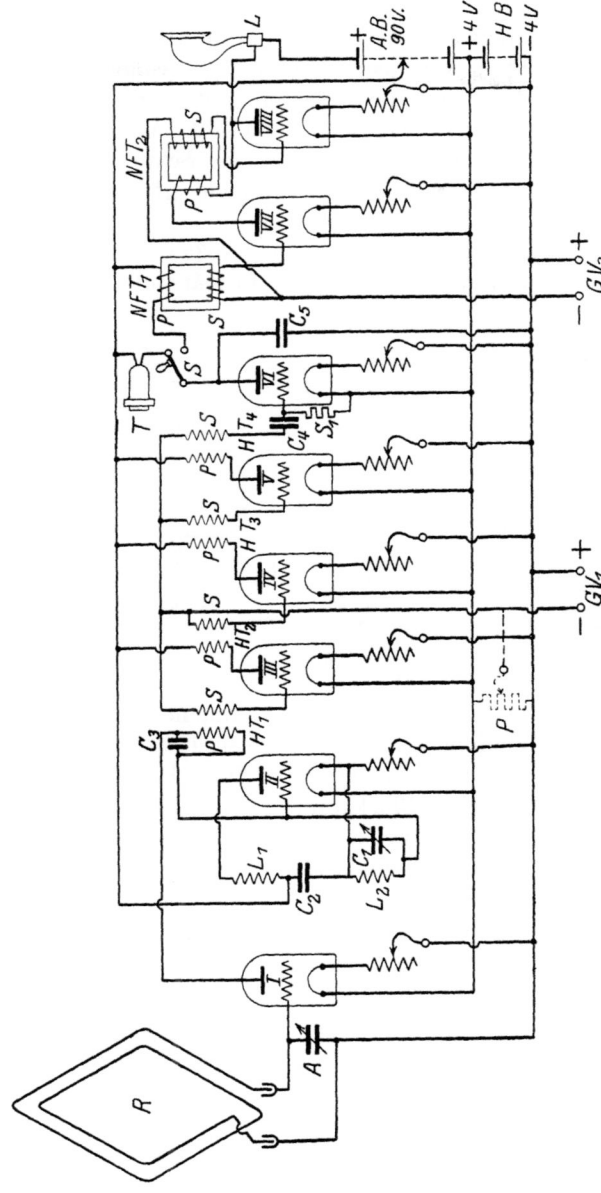

Abb. 38. 8-Röhren-Transponierungsempfänger (Ultradyne).

58 Bau von Rahmenempfangsanlagen mit Hochfrequenzverstärkern.

Der verwendete Kupferdraht hat 0,3 mm Durchmesser und ist 2 mal mit Baumwolle besponnen. Beim Aufbringen der Wicklungen beachten wir das unter „Drosselspule Abb. 20a—c" Gesagte und prüfen des öfteren auf Schluß mit Glimmlampe oder Galvanometer nach S. 69—70. Man achte auch besonders darauf, daß sowohl die beiden Sekundärhälften untereinander wie auch mit der Primärspule gleichen Wickelsinn haben.

Die Hochfrequenztransformatoren HT_2, HT_3 und HT_4 erhalten gleiche Bewicklungen. Die Primärspule, „Ringraum b",

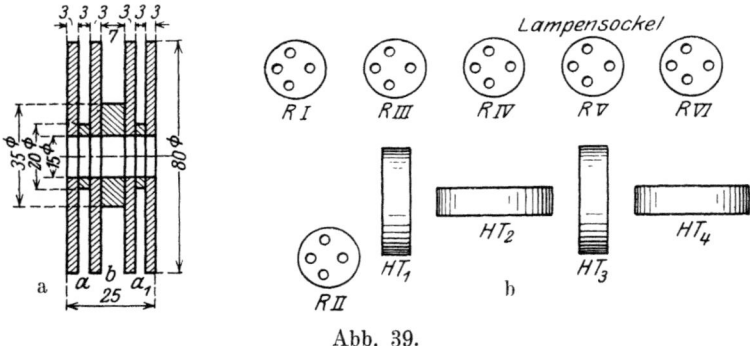

Abb. 39.

bekommt 500 Windungen, die Sekundärspule, „Ringräume a und a_1", je 550 Windungen, also zusammen 1100.

Der Hochfrequenztransformator HT_1 hat (Abb. 38) seiner Primärwicklung einen Blockkondensator C_3 von genau 250 cm parallel geschaltet. Die Primärspule hat hier deshalb nur 300 Windungen, während die Sekundärspule auch je 275 Windungen auf jeder Seite hat.

Abb. 39b zeigt den versetzten Einbau der Hochfrequenztransformatoren im Empfänger.

Um die Gittervorspannung des Hochfrequenzteiles verändern und passend einstellen zu können, verwendet man (Abb. 38) entweder ein Potentiometer P oder besser sieht man Klemmen für eine Gittervorspannungsbatterie GV_1 vor.

C_4 ist der Gitterkondensator des „Audion" von 200—300 cm (richtet sich nach der verwendeten Röhre), S_1 ist die Gitterableitung, ein Silit von $1 \div 5$ mal $10^6 \Omega$ (ausprobieren!). Der Silit

wird nach Bedarf verwendet und je nach den Verhältnissen an
+ - oder − -Heizbatterie gelegt. C_6 ist ein Blockkondensator von
3000 ÷ 5000 cm.

Der Vollständigkeit halber ist im Schaltbild (Abb. 38) der
für den Lautsprecherbetrieb notwendige 3fach-Niederfrequenzverstärker mit angegeben, auf dessen Bau jedoch nicht näher
eingegangen werden soll. Der Schalter „S" gestattet ihn an- und
abzuschalten.

GV_2 ist der Anschluß für die Gittervorspannungsbatterie.
NFT_1 hat das Wicklungsverhältnis 5000:20 000 oder 1:4 und
NFT_2 5000:15 000 oder 1:3.

Die Anodenbatterie hat 90 ÷ 100 Volt und ist fein unterteilt, um bequem die günstigsten Anodenspannungen ablesen zu
können.

Es ist sehr zu empfehlen, in die Heizleitung, etwa hinter den
Anschluß für die Heizbatterie im Apparat oder in die Heizleitung
zum Gerät, einen Heizwiderstand von etwa 8 Ω und genügender
Strombelastung einzufügen. Diesen benutzt man als „BallastEinschalter", er nimmt den ersten Stromstoß beim Einschalten
auf, schont auf diese Weise die Lampen sehr, und man kann die
jeder Lampe vorgeschalteten Heizwiderstände immer auf dem
günstigsten Arbeitspunkt stehenlassen. Dadurch wird die Inbetriebsetzung des Gerätes außerordentlich vereinfacht und auch
einem weniger geübten Dritten möglich.

Bei der Abstimmung des Gerates ist, wie bei allen hochempfindlichen und selektiven Empfängern, darauf zu achten, daß
die Abstimmskalen (Drehkondensator A und C_1) recht langsam
zu bedienen sind. Eine Feinabstimmung bei A ist zu raten, bei
C_1 ist diese **unbedingt** erforderlich.

i) Empfang mit der Hoch- oder Zimmerantenne.

Die vorbeschriebenen Empfangsanordnungen können ohne
weiteres auch für Empfang mit einer Hochantenne oder einer
Zimmerantenne benutzt werden. Es ist lediglich darauf Bedacht
zu nehmen, daß die Selbstinduktion des Rahmens berücksichtigt
wird. In nachfolgendem sollen einige gangbare und bequeme Wege
beschrieben werden.

1. Das eine Rahmenende des empfangsbereit aufgestellten
Empfängers, und zwar das nach dem Gitter der ersten Lampe

60 Bau von Rahmenempfangsanlagen mit Hochfrequenzverstärkern.

führende, verbindet man mit der Hochantenne Abb. 40a, das andere, welches zum −-Pol der Heizbatterie führt, mit der Erde. Bei einer Zimmerantenne genügt dies ohne weiteres. Hat die Hochantenne eine große Kapazität, so muß in die Erdleitung noch ein Verkürzungskondensator von etwa 200 cm, bei Rund-

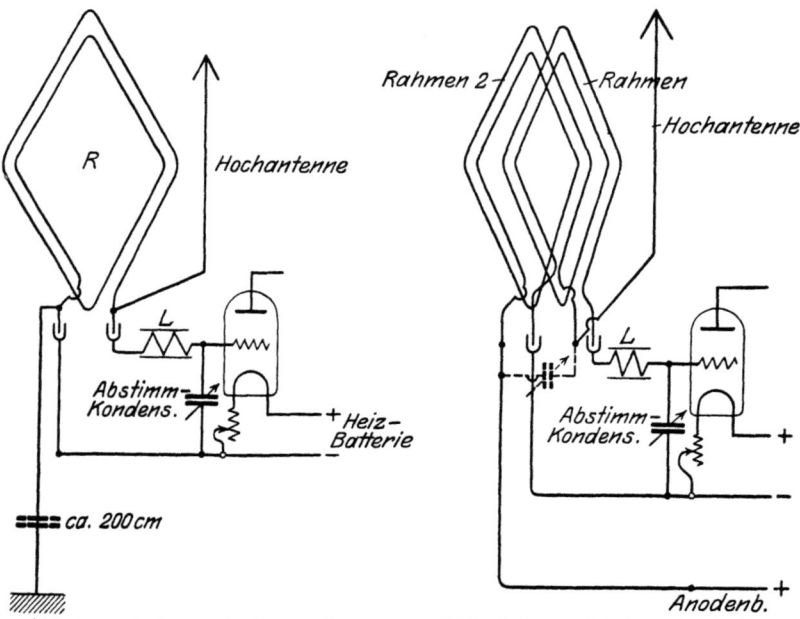

Abb. 40a. Galvanische Verbindung des Rahmens mit der Hochantenne.

Abb. 40b. Induktive Verbindung des Rahmens mit der Hochantenne.

funkempfang geschaltet werden. Die Richtwirkung des Rahmens hört auf und die Selektivität wird geringer.

2. Man legt die Hochantenne an den +-Pol der Heizbatterie und verzichtet auf „Erde". Die Empfangsgüte und Störungsfreiheit ist beinahe der des Rahmens allein gleichzusetzen. Die Lautstärke wächst jedoch erheblich.

3. Man bringt neben oder über die eigentliche Rahmenwicklung eine zweite von gleicher Länge in einem Abstand von etwa 2 cm auf. Abb. 40b. Das eine Ende führt zur Hochantenne, das andere Ende an den +-Pol der Anodenbatterie. Mit Hilfe eines Drehkondensators ist man in der Lage, diesen Antennenkreis mit dem Rahmenkreis abzustimmen (gestrichelt!).

Doppelkopfhörer. 61

Die Vergrößerung der Lautstärke ist hier eine ganz erhebliche, der Empfang ist klar und rein sowie störungsfrei.

4. Man bildet nach Abb. 41 aus Antenne, einer Honigwabenspule P und Drehkondensator C einen normalen Primärkreis, diese Spule koppelt man nach Entfernung des Rahmens und Kurzschließen der Zuführungen mit der um die Selbstinduktion des Rahmens vergrößerten Steckspule L. Das Ganze stellt dann einen normalen Sekundärempfänger dar. Man kann auch eine aperiodische, also nicht abzustimmende Antenne verwenden.

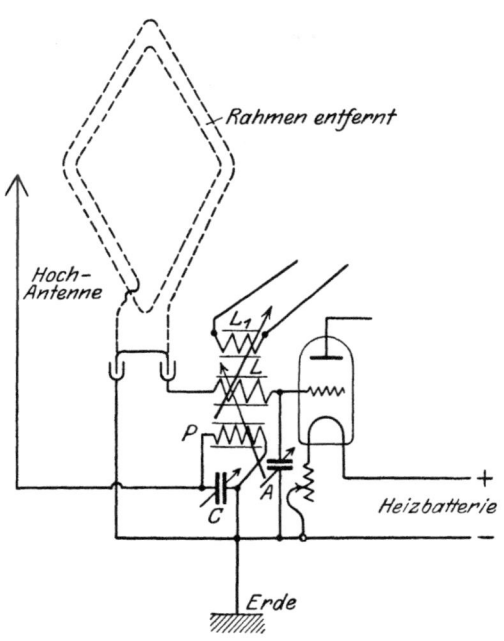

Abb. 41. Verwendung der Hochantenne an Stelle des Rahmens.

3. Zubehör und Hilfsgeräte.
a) Doppelkopfhörer.

Von ausschlaggebender Bedeutung für befriedigenden Empfang und naturgetreue Wiedergabe von Sprache und Musik ist das Telephon. Ihm ist bei Beschaffung in seiner Wirkung große Beachtung zu schenken. Die Ohmzahl der Spulenwicklung, es sollten nur Doppelkopfhörer gewählt werden (Abb. 42), nehme man nicht unter 2000 Ω Gesamtwiderstand. Es ist nicht so sehr auf den Preis als auf einen wirklich guten Kopffernhörer zu sehen. Die Lieferanten führen auf Wunsch dem Interessenten die Hörer im Betrieb vor. Ohne Scheu ist davon Gebrauch zu machen und das Beste zu wählen. Die meisten guten Doppelkopffernhörer haben 4000 Ω und sind äußerst empfindlich. Gute und empfehlenswerte Fabrikate sind u. a. die von Dr. G. Seibt, Berlin-Schöneberg, Birgfeld A. G. (Dr. Nesper), Zwietusch, Telefunken, Mix und Genest. Ein Selbstbau des Fernhörers ist ausgeschlossen.

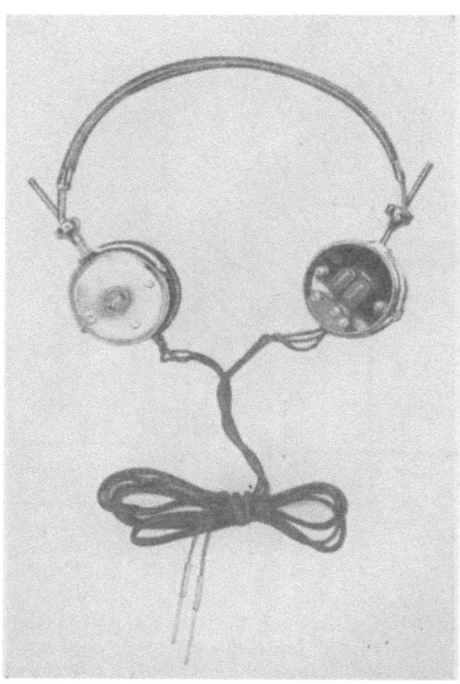

Abb. 42. Doppelkopfhörer Dr. Nesper.

b) Die Heizbatterie.

Zum Heizen der Glühkathode werden Akkumulatoren (Abb. 43) benötigt. Bei Verwendung der Verstärkerröhren, wie Telefunken, Seddig, mit Wolframfäden, beträgt die normale Heizspannung ca. 3,5 Volt, die Heizbatterie muß also 4 Volt haben. Früher wurden viel die automatisch arbeitenden Eisen-Wasserstoffwiderstände verwendet, die keinerlei Nachregulierung bedürfen, also im Betrieb äußerst bequem sind (Abb. 44), die Betriebsspannung war dann 6 Volt. Der Stromverbrauch pro Röhre ist ungefähr 0,53 Ampere. Die Anzahl der verwendeten Verstärkerröhren und die Art ihrer Schaltung, ob parallel oder in Serie, gibt einen Anhalt zum Errechnen der zum Betrieb notwendigen Stromstärke.

Bei dem vorbeschriebenen Zweifachverstärker mit Serienschaltung der Röhren ist der Gesamtstromverbrauch gleich dem „einer" Röhre, also ca. 0,53 Ampere. Würden in diesem Zweifachverstärker unter Vorschaltung des entsprechenden Widerstandes die Röhren parallel geschaltet verwendet, so wäre der Stromverbrauch gleich zweimal 0,53 Ampere, also 1,06 Ampere oder der doppelte. Man erreicht bei Serienschaltung von zwei Röhren eine Stromersparnis

Die Heizbatterie.

von 50%, daher auch die Bezeichnung Sparschaltung. Der Unterschied im Empfang zwischen beiden Schaltungen ist derart gering, daß der Amateur immer mit Vorteil die Sparschaltung anwenden sollte.

An Hand dieser Ausführung ist man in der Lage, die nötige Größe des Heizakkumulators zu bestimmen. Um einen reibungslosen, guten Betrieb zu gewährleisten, wählt man die höchste, dauernde Gebrauchsstromstärke um etwa 50% höher als der Verstärker eigentlich benötigt.

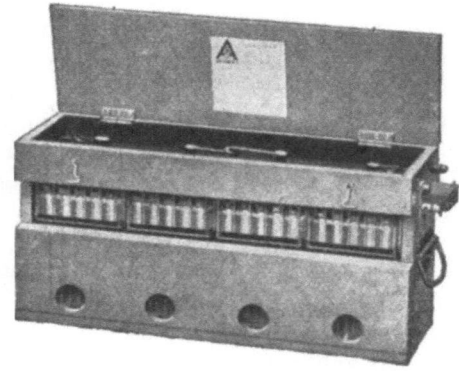

Abb. 43. Vierzellenbatterie mit Rapidplatten von Pfalzgraf.

Auf diese Weise schont man den Akkumulator sehr. Die normale Größe des Akkumulators für den Betrieb des vorbeschriebenen Zweifachhochfrequenz-Verstärkers ist eine solche von 1 Ampere Entladung und 20—30 Ampere-Stunden Kapazität.

Wie die eigene Erfahrung gelehrt hat, soll man sich besser gleich einen größeren Akkumulator von etwa 2 Ampere Entladung und 30—40 Ampere-Stunden beschaffen, mit welchem man dann auch Vier- bis Fünffachhochfrequenz-Verstärker ohne Schaden für den Akkumulator zu betreiben in der Lage ist. Anerkannt gut sind die Akkumulatoren der „Varta" Akt.-Ges. Oberschöneweide, der Gottfried Hagen Akt.-Ges., Hagen i. Westfalen, und der Pfalzgraf G. m. b. H. Berlin und andere mehr.

Abb. 44. Eisen-Wasserstoffwiderstand mit Porzellansockel der Huth-Gesellschaft.

Man verwendet jetzt mit großem Erfolg Röhren, welche bei einer Heizfadenspannung von etwa 1,5—2 Volt nur 0,25 Amp. Heizstrom gebrauchen. Ja, man hat solche Oxydfadenröhren mit

64 Bau von Rahmenempfangsanlagen mit Hochfrequenzverstärkern.

einem Heizstrombedarf von 60 Milliampere und darunter gebaut. Bei Verwendung solcher Lampen genügen für den Heizbedarf gute Trockenelemente oder Akkumulatoren kleinsten Formates. Diese Lampen haben den einzigen Nachteil, daß sie noch recht teuer sind, in ihrer Funktion sind sie hervorragend. Hersteller sind: Telefunken, Siemens, Dr. Loewe-Audion, Röhrenfabrik Müller-Hamburg, Dr. Nickel-Berlin, Schrack-Wien und andere. Alle diese Lampen zeichnen sich durch große Elektronen-Emission aus und geben einen kräftigen Anodenstrom, der eine gute Verstärkung gewährleistet.

c) Die Anodenbatterie.

Ein weiteres wesentliches Zubehör, von dessen Brauchbarkeit und guter Arbeit die Wirkungsweise des Verstärkers ganz besonders abhängt, ist die Anodenbatterie (Abb. 45). Hierzu eignen

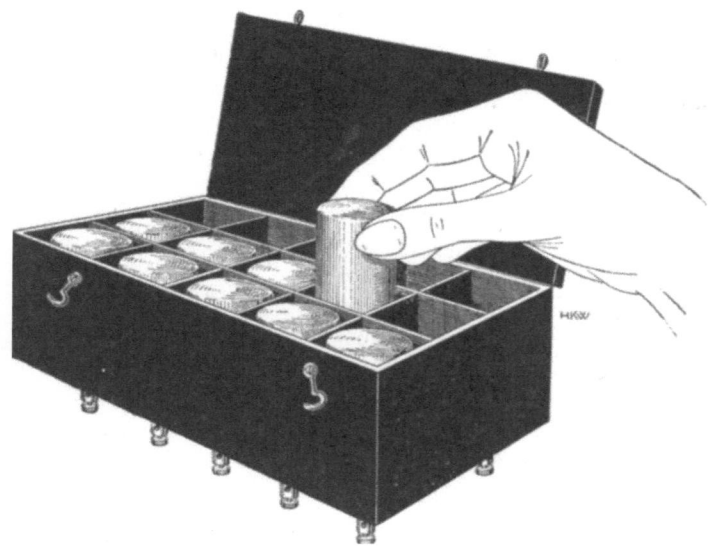

Abb. 45. Anodenbatterie mit auswechselbaren Elementen der Intensiv-Elementenfabrik.

sich sowohl Akkumulatoren als auch Trockenbatterien. Die letzteren sind bequem in Handhabung und bedürfen keiner Wartung. Sie sind allerdings kostspielig im Gebrauch, da ihre Lebens-

Die Anodenbatterie. 65

dauer begrenzt ist und die Batterie sich auch dann, wenn sie nicht benutzt wird, aufzehrt. Aus diesem Grunde ist ein Ersatz in Zeiträumen von etwa einem viertel Jahr nötig. Die Batterien haben je nach der verwendeten Verstärkerlampe 30, 60 oder 90 Volt. Wichtig ist, daß wir beim Einkauf auch wirklich frische, d. h. solche Batterien, die eben erst aus der Fabrikation kommen, erhalten. Hier sind wir vollkommen auf den Verkäufer angewiesen. Auf der Unterseite jeder Batterie ist meist die laufende Woche, in der die Batterie hergestellt wurde, aufgedruckt. Hierauf ist beim Einkauf zu achten.

Besser ist es, sich solcher Batterien zu bedienen, die erst im Augenblick des Gebrauchs angesetzt werden. Es gibt mehrere Firmen, die derartige Anodenbatterien herstellen. Die beste derartige, mir bekannte Batterie ist die Intensivbatterie von Dr. Aron, Berlin. Die Konstruktion ist folgende: Der Batteriekasten ist gemäß der benötigten Voltzahl in so viel Kammern unterteilt, als man Elemente zur Erreichung der geforderten Spannung benötigt (Abb. 45). Die Anschaffung dieses Batteriekastens ist eine einmalige. Der Boden ist als Klappdeckel mit Scharnieren und Haken ausgeführt. Zu diesem Kasten werden die Einzelelemente in besonderer Packung und entsprechender Anzahl geliefert. Das Einzelelement ist so gebaut, daß bei Ingebrauchnahme der beim neuen Element herausragende Kohlepol durch Fingerdruck (Abb. 46) in das Element hineingeschoben wird. Hierbei zerbricht eine Glasblase im Innern des Elementes, das in dieser enthaltene Elektrolyt fließt aus, und das Element ist gebrauchsfertig. Die Einzelelemente werden nach dieser Manipulation in den Batteriekasten eingeführt, die Anodenbatterie ist betriebsfertig. Da das Elektrolyt erst im Augenblick der Benutzung mit den Elektroden in Berührung kommt, ist die Batterie vor der Auslösung unbegrenzt lagerfähig, ohne in ihrer Wirkung beeinträchtigt zu werden. Verbrauchte Elemente können herausgenommen und durch neue ersetzt werden.

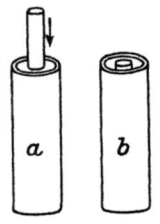

Abb. 46. Element nach Dr. Aron. a = ungebraucht, b = betriebsfertig.

Sehr gut geeignet und jahrelang haltbar sind Akkumulatoren für Anodenbatterien. Da derartige Akkumulatoren wohlfeil herzustellen sind und leicht angefertigt werden können, so sei nachfolgend eine solche Batterie von 90 Volt für den vorher beschriebenen Hochfrequenz-Verstärker erläutert. Der Anodenakkumulator ist allerdings nicht so bequem im Gebrauch als die Trockenelemente und bedingt außerdem einen Gleichstrom von mindestens 110 Volt zum Aufladen. Verfasser hat mit bestem Erfolg eine derartige selbstgefertigte Batterie im Gebrauch, die schon seit einigen Jahren zu vollster Zufriedenheit arbeitet. Die Aufladung geschieht an der 220-Volt-Lichtleitung unter Vorschalten eines Widerstandes von 20 000 Ω. Es sei noch besonders darauf hingewiesen, daß die notwendige Säure, chemisch reine Akkumulatorensäure (Schwefelsäure) von etwa 19° Beaumé, giftig ist und stark ätzt. Tropfen auf Kleider und dergleichen zerstören das Gewebe, und es entstehen Löcher. Daher ist größte Vorsicht geboten. Ist irgendwo derartige Säure verschüttet, so muß man die Stelle sofort mit Ammoniak, Salmiakgeist, benetzen, der die Säure neutralisiert und eine Zerstörung verhindert.

Um 90 Volt Spannung zu erreichen, benötigen wir, da die Akkumulatorenzelle betriebsmäßig 2 Volt hat, 45 einzelne Zellen. Diese stellen wir wie folgt her. Wir beschaffen uns 45 Reagenzgläser von etwa 20 mm Durchmesser oder 45 Röhrchen, wie solche für Aspirin und dergleichen Verwendung finden. Die Gläser sind gut zu reinigen! Diese 45 Röhrchen setzen wir unter Einschaltung eines Zwischenraumes von etwa 5 mm, den wir durch kleine paraffinierte Brettchen solide einhalten, wie Abb. 46 zeigt, in einen entsprechenden, innen gut paraffinierten Holzkasten ein. Der Kasten wird so hoch gewählt, daß ein Deckel aufgesetzt werden kann und noch genügend Abstand von den Ableitungen, mindestens 20 mm licht, bleibt. Aus der Abbildung ist alles gut zu entnehmen. Sehr wichtig ist, daß der Kasten und die Brettchen reichlich mit Paraffin oder säurefestem Lack isoliert sind, damit sich der Akkumulator nicht selbst entlädt. Die Elektroden werden aus dünnem, chemisch reinem Bleiblech von etwa 1 mm Stärke geschnitten, und zwar in einer Breite von etwa 10 mm. Die Länge ist die zweimalige Glashöhe. Biegt man diesen Streifen in der Mitte mit dem nötigen Abstand um, dann reicht dieser nicht ganz auf den Boden des Röhrchens. Von solchen Streifen haben wir 44 Stück nötig (Abb. 47). Den Bogen des Streifens tauchen wir etwa 1,5 cm in geschmolzene Vergußmasse alter Taschenlampenbatterien ein. Diese Streifen werden, vom ersten Gläschen beginnend, nacheinander in sämtliche Gefäße eingehängt, so daß jedes

Die Anodenbatterie.

Gläschen zwei Platten hat. Das erste und das letzte Gläschen erhalten nun noch je einen Streifen, der durch eine Öffnung im Seitenteil des Kastens zu einer Klemme führt, die, mit Hartgummi oder Pertinax isoliert, außen an der Kastenwand angebracht ist. Wir bezeichnen die eine Klemme mit + und die andere mit —.

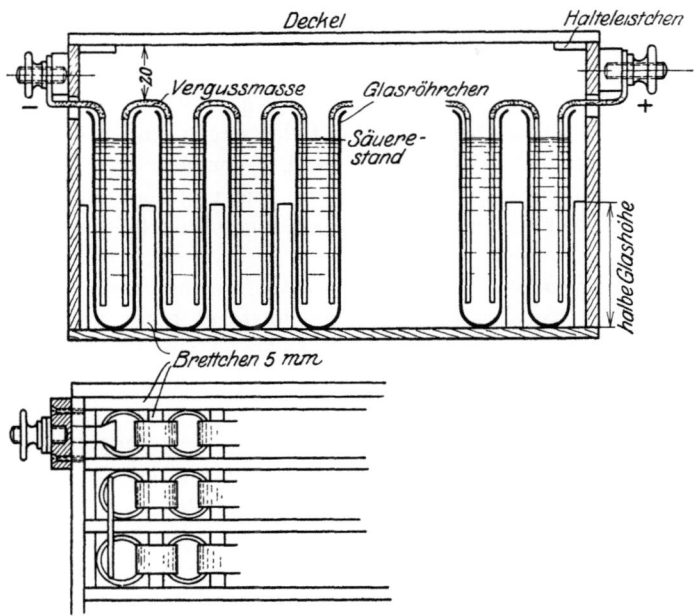

Abb. 47. Anoden-Akkumulator.

Mit einer kleinen Spritze aus Gummi oder Glas füllt man jetzt vorsichtig, damit keine Säure daneben läuft, die Gläschen bis etwa 2 cm vom Rande, und die Batterie ist betriebsfertig. Unter Vorschaltung eines Widerstandes von ungefähr 20 000 Ω wird der Akkumulator zur ersten Ladung an eine 220 voltige Gleichstromleitung, minus — mit minus —, plus + mit plus + geschaltet. Nach einiger Zeit tritt die Gasentwicklung auf, die Minus-Platte färbt sich grau und die Plus-Platte braun, der Akkumulator ist nun geladen, und es kann Strom entnommen werden. Diese Anodenbatterie ist fast unverwüstlich und billig im Betriebe, da der Ladestrom nur wenige Tausendstel Ampere beträgt.

Die neuerdings immer allgemeiner verwendeten Oxyd- und Thorium-Röhren mit stärkeren Anodenströmen stellen auch höhere Anforderungen an die Anodenbatterien. Diese Oxydröhren haben im Durchschnitt einen Anodenstrom von etwa 15 Milliampere, ja die Ultraröhre von Dr. Nickel hat bei einer Heizfadenspannung von nur ca. 1,7 Volt und einer Heizstromstärke von etwa 50 Milliampere über 25 Milliampere Anodenstrom. Bei Verwendung von nur 2 Röhren in einer Schaltung bedeutet dies eine Belastung der Anodenbatterie von 50 Milliampere, gegenüber einer bisherigen von etwa 6 Milliampere. Diesen Belastungen sind die üblichen Anodentrockenbatterien (besonders bei Verwendung von Kraftverstärkerlampen!) nicht gewachsen. Die verwendeten Elementtypen sind zu klein, und die Fabrikanten sollten baldigst hierauf hingewiesen werden.

Die Anodentrockenbatterien alter Ausführung haben bei diesen Belastungen trotz solider Konstruktion und guter Bestandteile keine Lebensdauer. In wenigen Wochen ist eine solche Batterie verbraucht, was beim Arbeiten mit Oxyd- und Kraftverstärker-Röhren zu beachten ist.

Anodenakkumulatoren vertragen diese Belastungen für die Dauer ihrer Entladekapazität ohne weiteres, da für sie auch solche Belastungen immer noch sehr geringe sind.

d) Meß- und Prüfgeräte.

Jeder Amateur, der seine Arbeiten ernsthaft betreibt und lernen und beobachten will, braucht gewisse Instrumente und Hilfsmittel, von deren verständnisvollem Gebrauch der Erfolg der Arbeit und die Lebensdauer der Empfangseinrichtungen, besonders der Lampen, abhängt. Auch zum Aufsuchen und Auffinden von Störstellen und Fehlern sind sie unerläßliche und sichere Helfer.

Für die Messung der Spannung an Heiz- und Anodenbatterie bedient man sich eines Voltmeters. Solche sind zu erträglichen Preisen bei Gans & Goldschmidt, Berlin, Abrahamson, Berlin, u. a. zu bekommen. Man wähle jedoch nicht die billigen Weicheiseninstrumente, sondern Drehspulinstrumente, die eine große Genauigkeit verbürgen. Für unsere Zwecke gibt es sehr schöne und praktische Modelle mit 2 Meßbereichen, für die Heizbatterie von 1—12 und für die Anodenbatterie von 1—120, wahlweise zu verwenden.

Ferner ist besonders beim Arbeiten mit Oxydröhren ein Amperemeter, resp. Milli-Amperemeter, sehr zu empfehlen. Diese Oxydröhren sind gegen Überlastung sehr empfindlich und vertragen eine auch verhältnismäßig geringe Überheizung schlecht. Das Amperemeter wird zwecks Kontrolle in die Heizleitung geschaltet. Auch hier sind solche mit mehreren Meßbereichen, siehe oben, zu haben. 3 Bereiche werden für unsere Zwecke genügen. Einen zum Messen des Anodenstromes von etwa 0—50 Milliampere, einen zweiten Bereich für den Heizstrom der Oxydröhren von etwa 0—500 Milliampere und einen dritten zum Messen des Gesamtstromverbrauches von etwa 0—5 Ampere. Will man den Strom der Rückkopplung messen, dann benötigt man einen Bereich von etwa 0—5 oder 0—10 Milliampere.

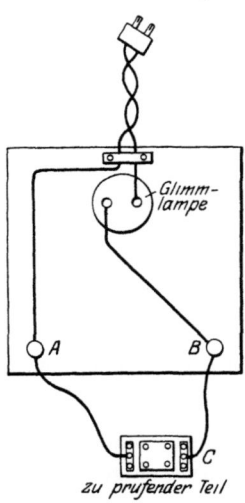

Abb. 48. Prüfanordnung mit Glimmlampe.

Prüfanordnungen. Wesentlich für einwandfreies Funktionieren der Empfangsanordnungen ist, daß sämtliche Zubehörteile, Leitungen und Verbindungen sich, wie schon wiederholt gesagt, in gutem Zustande befinden und von tadelloser Beschaffenheit sind. Läßt man hier peinliche Sorgfalt bei der Auswahl und sauberes Arbeiten beim Zusammenbau außer acht, dann wird man keinen Erfolg und somit keine Freude haben.

An Hand der nachfolgenden Ausführungen ist jeder in der Lage, sich mit zum Teil bereits vorhandenen Hilfsmitteln Prüfanordnungen zu bauen, welche es ihm ermöglichen, Fehler an Zubehörteilen, Leitungen und Verbindungen sogleich festzustellen und zu beseitigen. Einen derartigen Fehler im fertig montierten Empfänger aufzufinden, erfordert so viel Zeit und Mühe und verursacht derartigen Ärger, daß man es sich zur Pflicht machen muß, nur selbst durchgeprüfte Teile einzubauen.

Hat man Starkstrom in der Wohnung, dann ist das Prüfgerät sehr einfach. Auf ein trockenes Holzbrettchen passender Größe, etwa 150 × 150 mm, montiert man eine Lampenfassung (Abb. 48), in

70 Bau von Rahmenempfangsanlagen mit Hochfrequenzverstärkern.

welche man eine Glimmlampe einschraubt. *A* und *B* sind Klemmen, von welchen die Prüfleitungen an die zu prüfenden Teile geführt werden. Die Leitungsführung geht aus der Abbildung klar hervor. Mittels Starkstromlitze und Stecker wird die Einrichtung mit der Lichtleitung verbunden. Da eine Glimmlampe nur wenige Milliampere durchläßt, so ist die Anwendung vollkommen ungefährlich. Man kann die Einrichtung auch zum Laden von Akkumulatoren brauchen, dann setzt man eine entsprechende Glühlampe ein, dies ist jedoch ohne weiteres **nur bei Gleichstrom** möglich, bei Wechselstrom ist noch ein Gleichrichter nötig.

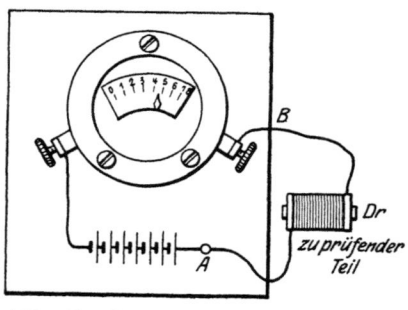

Abb. 49. Prüfung mittels Voltmeter.

Verbindet man *A* mit *B* durch einen Draht, so brennt die Lampe. Will man z. B. einen Blockkondensator auf „Schluß" prüfen, dann legt man einen Beleg an *A*, den anderen an *B*. Leuchtet jetzt die Lampe hell und dauernd auf, dann ist der Kondensator **unbrauchbar**. Glimmt jedoch die Lampe periodisch auf, dann ist er in Ordnung. Die Anzahl der periodischen Aufladung ist gleichzeitig ein ungefähres Maß für die Größe der Kapazität; je größer diese ist, desto weniger Aufladungen erfolgen pro Zeiteinheit. Soll hingegen festgestellt werden, ob z. B. eine Drossel in Ordnung ist, dann muß beim Anlegen deren Enden an *A* und *B* ein dauerndes Leuchten der Glimmlampe erfolgen, andernfalls hat die Drossel eine Unterbrechung und ist **unbrauchbar**.

Ist kein Starkstrom im Hause, dann hilft man sich mit dem Voltmeter oder einem Galvanometer und einer Hilfsbatterie. Man schaltet nach Abb. 49 das Voltmeter mit etwa 2 Taschenbatterien in Serie. Verbindet man den einen Batteriepol *A* mit der freien Klemme *B* des Voltmeters, dann zeigt das Voltmeter die Batteriespannung, also ca. 9 Volt, an. Legt man an *A* und *B* den zu prüfenden Blockkondensator an, dann darf ein Ausschlag des Voltmeters **nicht** erfolgen. Soll jedoch z. B. die Drossel geprüft werden, dann muß ein Ausschlag erfolgen, wenn diese in Ordnung ist. Die Größe des Ausschlages richtet sich nach dem Widerstand der Drossel. Hieraus geht hervor, daß man, eine konstante Prüfspannung vorausgesetzt, die Skala des Voltmeters direkt in Ohm eichen kann, indem man tabellarisch festlegt, welchen Ausschlag das Voltmeter beim Anlegen bekannter Widerstände von 100, 200, 500, 1000 usw. Ohm an A und B macht. Dies kann man so weit fortsetzen, bis das Voltmeter keinen gut ablesbaren Ausschlag mehr macht. Auf diese Weise lassen sich bequem mit genügender technischer Genauigkeit zahlenmäßig Widerstandsmessungen machen.

e) Der Wellenmesser.

Für jeden ernsthaft arbeitenden Amateur ist der Wellenmesser beim Aufbau komplizierter Schaltungen ein unersetzliches Gerät, wohl eines der wichtigsten, welches in unserem Instrumentarium nicht fehlen sollte. Was in der allgemeinen Technik das Meter ist, ist in der Radio-Technik ein Gerät zum Messen der ausgestrahlten oder zu empfangenden Welle — der Wellenmesser.

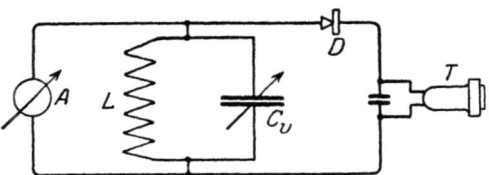

Abb. 50 a. Resonanzempfangskreis.

Am meisten gebräuchlich ist der Resonanzwellenmesser.

Ein Schwingungskreis aus Selbstinduktion L und Drehkondensator Cv, der geeicht ist, stellt das Ganze dar (Abb. 50 a). Wir wissen, daß bei gegebener Selbstinduktion jeder Grad des Drehkondensators einer bestimmten Wellenlänge entspricht. Wird dieser Schwingungskreis von der Welle eines Senders getroffen, und wir drehen den Kondensator Cv, dann wird ein Maximum von Wirkung eintreten, wenn beide Kreise in „Resonanz" sind. Um diesen Resonanzpunkt festzustellen, kann man etwa nach Abb. 50 a ein Hitzdrahtwattmeter A anschalten, welches dann den größten Anschlag zeigt. Oder man legt einen Detektor mit Telephon D an. In diesem Falle zeigt das Tonmaximum die Resonanz an. Der Detektor ist, wie bekannt, ein recht empfindliches Anzeigemittel für elektrische Schwingungen. Mit Hilfe dieses Kreises können wir also, nach Eichung in Wellenlängen, ausgestrahlte Wellenzüge messen. Wir werden aber meist ein Gerät haben müssen, das selbständig bestimmte Wellen zwecks Messung ausstrahlt, z. B., um unseren Empfänger für eine aufzunehmende Welle einzustellen, um ein Telephon oder einen Detektor zu prüfen, um die Empfindlichkeit unserer Empfangsanordnungen festzustellen u. dgl.

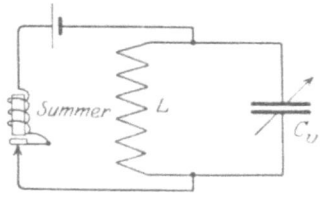

Um dies zu erreichen, muß der Schwingungskreis $L-Cv$ erregt werden. Dies geschieht durch einen Summer, der den Kondensator periodisch auflädt und zum Schwingen bringt. Legt man nach Abb. 50b

Abb. 50b. Resonanzerregerkreis.

einen Summer mit Element an den Schwingungskreis LCv, so sendet dies System beim Arbeiten des Summers diejenige Welle aus, die durch die Stellung des Drehkondensators Cv gegeben ist.

Abb. 51. Amateurwellenmesser des Laboratoriums Baumgart.

Der Knopf des Drehkondensators hat eine Gradeinteilung, und aus einer Eichkurve, in welcher die Wellenlänge in Abhängigkeit von den Kondensatorgraden aufgetragen ist, kann man die jeweiligen Wellenlängen entnehmen.

Die Abb. 51 zeigt einen vom Laboratorium Ing. Max Baumgart, Berlin W 57, Winterfeldstr. 15, konstruierten Wellenmesser für Amateure, der bei durchaus solider Ausführung preiswert ist.

Die Inbetriebnahme.

Bevor die Batterien an die Apparatur angestöpselt werden, überzeugen wir uns, daß die zu den Steckern führenden Leitungen an den richtigen Pol der Batterie angeschlossen sind. Vertauschte Pole machen ein Arbeiten des Empfängers unmöglich. Vor allem haben wir ganz besonders darauf zu achten, daß die Anodenbatterie an die hierfür bezeichneten Stecker unter allen Umständen richtig angeschlossen ist. Eine Verwechslung dieser Batterieanschlüsse bedeutet, daß der hochvoltige Anodenstrom in die Heizleitung der Röhren fließt und diese durchbrennen.

Nachdem wir uns von dem ordnungsmäßigen Anschluß der Stromquellen an den Dreifachstecker überzeugt haben, gehen wir an Hand des Schaltungsschemas nochmals alle hergestellten Verbindungen durch und kontrollieren alle Anschlüsse und Kontakte, besonders auch die nötigen Lötstellen, auf guten elektrischen Schluß. Es empfiehlt sich, mit einem Galvanometer und Element auch die Apparatur auf Kurzschluß zu prüfen. Dies alles sind durchaus keine unwesentlichen Arbeiten, sondern ersparen durch rechtzeitiges Auffinden von Fehlern und Unregelmäßigkeiten später viel Mühe und Ärger.

Ist alles in Ordnung befunden, dann sorgen wir, daß die Steckerbuchsen innen gut sauber sind, damit rechter Kontakt gewährleistet ist. Die Stecker müssen so gespreizt werden, daß sie mit etwas Reibung in die Buchsen gehen. Nunmehr stellen wir die Steckerverbindungen des Rahmens mit dem Hochfrequenz-Verstärker her und stöpseln das Telephon an, die Röhren haben wir vorher eingesetzt. Zuletzt wird der Dreifachstecker mit der üblichen Vorsicht gestöpselt, und die Röhren brennen.

Jetzt nehmen wir den Doppelkopfhörer an das Ohr. Ist alles in Ordnung, so nehmen wir ein leichtes Rauschen im Hörer wahr. Das Rauschen erinnert an dasjenige einer größeren Meeresmuschel, ohne besonders zu stören. Ist dieses leichte Schwingen wahrzunehmen, dann ist die Apparatur in Ordnung, und beim Bewegen des Abstimmkondensators werden wir die auf den entsprechenden Wellen arbeitenden Stationen hören.

Es ist beim Gebrauch von zwei Röhren und mehr durchaus nicht gleich, in welcher Reihenfolge diese in den Empfänger eingesetzt sind. Da die Röhren in der Fabrikation nie absolut gleich ausfallen, so gibt es eine bestimmte Reihenfolge der einzelnen Röhren, bei welcher der Empfang besonders rein und klar ist. Diese Folge muß durch Versuche festgestellt werden, und es ist zu raten, sie genau zu kennzeichnen, damit bei einem etwaigen Entfernen der Röhren die beste Zusammenstellung ohne weiteres festgelegt ist. Beim Ersatz einer defekten Röhre ist obiges ganz besonders zu beachten. Es ist überhaupt zu empfehlen, jede neu angeschaffte Röhre genau auf günstig te Anoden- und Gittervorspannung für Verstärkung und Gleichrichtung zu untersuchen. Ferner festzustellen, für welchen Zweck sie am geeignetsten ist. Dies vermerkt man auf dem Sockelstreifen und ist so bequem in der Lage, die richtige Röhre an der richtigen Stelle sofort zu verwenden.

Bleibt das Telephon ruhig und ist beim Berühren des Kondensatoranschlusses kein Knacken im Telephon zu hören, dann ist irgendein Defekt im Empfänger, welcher systematisch gesucht werden muß. Mit Geduld und Aufmerksamkeit wird man bald zum Ziele gelangen und für alle Mühe reich belohnt werden.

Rundfunk
Geräte

nach Telefunken-Patenten
**Empfangs-Apparate
Hoch- und Nieder-
frequenzverstärker
Anodenbatterien
Antennen-Anlagen
Kopf-Fernhörer
Lautsprecher**

Bedeutend herabgesetzte Preise

Druckschrift auf Wunsch

SIEMENS & HALSKE A.-G.
WERNERWERK, SIEMENSSTADT B. BERLIN
Technische Büros in allen größeren Städten

Verlag von Julius Springer in Berlin W 9

Bibliothek des Radio-Amateurs. Herausgegeben von Dr. **Eugen Nesper.**

1. Band: **Meßtechnik für Radio-Amateure.** Von Dr. **Eugen Nesper.** Dritte Auflage. Mit 48 Textabbildungen. (56 S.) 1925.
0.90 Goldmark

2. Band: **Die physikalischen Grundlagen der Radiotechnik** mit besonderer Berücksichtigung der Empfangseinrichtungen. Von Dr. **Wilhelm Spreen.** Dritte, verbesserte Auflage. Mit 121 Textabbildungen. Erscheint im Juni 1925.

3. Band: **Schaltungsbuch für Radio-Amateure.** Von Karl Treyse. Neudruck der zweiten, vervollständigten Auflage. (19.—23. Tausend.) Mit 141 Textabbildungen. (64 S.) 1925. 1.20 Goldmark

4. Band: **Die Röhre und ihre Anwendung.** Von **Hellmuth C. Riepka,** zweiter Vorsitzender des Deutschen Radio-Clubs. Zweite, vermehrte Auflage. Mit 134 Textabbildungen. (111 S.) 1925.
1.80 Goldmark

6. Band: **Stromquellen für den Röhrenempfang** (Batterien und Akkumulatoren). Von Dr. **Wilhelm Spreen.** Mit 61 Textabbildungen. (72 S.) 1924. 1.50 Goldmark

7. Band: **Wie baue ich einen einfachen Detektor-Empfänger?** Von Dr. **Eugen Nesper.** Zweite Auflage. Mit 30 Abbildungen im Text und auf einer Tafel. (60 S.) 1925. 1.35 Goldmark

8. Band: **Nomographische Tafeln** für den Gebrauch in der Radiotechnik. Von Dr. **Ludwig Bergmann.** Mit ca. 50 Textabbildungen und zwei Tafeln. Zweite Auflage. Erscheint im Sommer 1925.

9. Band: **Der Neutrodyne-Empfänger.** Von Dr. **Rosa Horsky.** Mit 57 Textabbildungen. (49 S.) 1925. 1.50 Goldmark

10. Band: **Wie lernt man morsen?** Von Studienrat **Julius Albrecht.** Mit 7 Textabbildungen. (38 S.) 1924. 1.35 Goldmark

11. Band: **Der Niederfrequenz-Verstärker.** Von Ing. **O. Kappelmayer.** Mit 36 Textabbildungen. Zweite, vermehrte Auflage.
Erscheint im Juni 1925.

12. Band: **Formeln und Tabellen** aus dem Gebiete der Funktechnik. Von Dr. **Wilhelm Spreen.** Mit 34 Textabbildungen. (76 S.) 1925.
1.65 Goldmark

13. Band: **Wie baue ich einen einfachen Röhrenempfänger?** Von **Karl Treyse.** Mit 28 Textabbildungen. (55 S.) 1925.
1.35 Goldmark

15. Band: **Innen-Antenne und Rahmen-Antenne.** Von Dipl.-Ing. **Friedrich Dietsche.** Mit 25 Textabbildungen. (67 S.) 1925.
1.35 Goldmark

ANZEIGEN

Verlag von Julius Springer in Berlin W 9

Bibliothek des Radio-Amateurs. Herausgegeben von Dr. **Eugen Nesper.**

In den nächsten Wochen werden erscheinen:
14. Band: **Die Telephoniesender.** Von Dr. **P. Lertes.**
16. Band: **Baumaterialien für Radio-Amateure.** Von **Felix Cremers,** Ingenieur. Mit etwa 10 Textabbildungen.
17. Band: **Reflex-Empfänger.** Von cand. ing radio **Paul Adorján.** Mit 52 Textabbildungen.
18. Band: **Fehlerbuch des Radio-Amateurs.** Von Ingenieur **Siegmund Strauß.** Mit etwa 70 Textabbildungen.
19. Band: **Internationales Rufzeichen.** Von **Erwin Meißner.**
20. Band: **Lautsprecher.** Von Dr **Eugen Nesper.** Mit etwa 50 Textabbildungen.

In Vorbereitung befinden sich:

Der Radio-Amateur im Gebirge. — **Funktechnische Aufgaben und Zahlenbeispiele.** — **Systematik der Schaltungen.** — **Kettenleiter und Sperrkreise.** — **Graphische Darstellungen.** — **Kurzwellen-Empfänger.** — **Die Hochantenne.**

Radio-Technik für Amateure

Anleitungen und Anregungen
für die Selbstherstellung von Radio-Apparaturen, ihren Einzelteilen und ihren Nebenapparaten

Von

Dr. Ernst Kadisch

Mit 216 Textabbildungen. (216 S.) 1925

Gebunden 5.10 Goldmark

Das vom Radio-Amateur für den Radio-Amateur geschriebene Buch enthält im theoretischen Teile eine gemeinverständliche Einführung und bietet **auch demjenigen Laien, dem das Bastlerinteresse ferner liegt, die Möglichkeit, in die einfachsten Grundlagen der drahtlosen Telephonie einzudringen.**

Die Selbstherstellung der Einzelteile, von Drehkondensatoren, Heizwiderständen Spulen, Röhrenfassungen, Detektoren u. a. sowie der Zusatzapparate, z. B. Akkumulatoren, Anodenbatterien, Gleichrichtern, Meßinstrumenten usw. wird im praktischen Teil ausführlich geschildert. Fast immer sind mehrere Konstruktionsmöglichkeiten bildlich und textlich erläutert, auch mischen sich Anleitungen und Anregungen miteinander, so daß auch der **fortgeschrittene Amateur** aus dem Buche seinen Nutzen ziehen kann.

Verlag von Julius Springer in Berlin W 9

Kalender der Deutschen Funkfreunde 1925

Bearbeitet im Auftrage des Deutschen Funk-Kartells

von

Dr.-Ing. **Karl Mühlbrett**
Technische Staatslehranstalten, Hamburg

Ziviling. **Friedr. Schmidt**
Generalsekretär des Deutschen Funk-Kartells, Hamburg

Mit einem Geleitwort von

Dr. **H. G. Möller**
Universitäts-Professor in Hamburg
Vorsitzender des Deutschen Funk-Kartells

Erster Jahrgang. (120 S.) Unveränderter Neudruck. 1925.

Gebunden 2 Goldmark

Verlag von Julius Springer und M. Krayn in Berlin W 9

Der Radio-Amateur

Zeitschrift für Freunde der drahtlosen Telephonie und Telegraphie

Organ des Deutschen Radio-Clubs

Unter ständiger Mitarbeit von

Dr. **Walther Burstyn**-Berlin, Dr. **Peter Lertes**-Frankfurt a. M., Dr. **Siegmund Loewe**-Berlin und Dr. **Georg Seibt**-Berlin u. a. m.

Herausgegeben von

Dr. **Eugen Nesper**-Berlin und Dr. **Paul Gehne**-Berlin

Erscheint wöchentlich mit Wochenprogramm sämtlicher deutscher Rundfunksender

Vierteljährlich 5 Goldmark zuzüglich Porto

(Die Auslieferung erfolgt vom Verlag Julius Springer in Berlin W 9)

ANZEIGEN

Verlag von Julius Springer in Berlin W 9

Der Radio-Amateur

(Radiotelephonie)

Ein Lehr- und Hilfsbuch für die Radio-Amateure aller Länder

Von

Dr. Eugen Nesper

Sechste, vollständig umgearbeitete und erweiterte Auflage

Mit etwa 900 Textabbildungen auf etwa 830 Seiten

Erscheint im Juni 1925

Radio-Schnelltelegraphie. Von Dr. **Eugen Nesper.** Mit 108 Abbildungen. (132 S.) 1922. 4.50 Goldmark

---

Elementares Handbuch über drahtlose Vakuum-Röhren. Von **John Scott Taggart,** Mitglied des Physikalischen Institutes London. Ins Deutsche übersetzt nach der vierten, durchgesehenen englischen Auflage von Dipl.-Ing. Dr. **Eugen Nesper** und Dr. **Siegmund Loewe.** Mit etwa 140 Abbildungen im Text.   Erscheint im Sommer 1925.

Radiotelegraphisches Praktikum. Von Dr.-Ing. **H. Rein.** Dritte, umgearbeitete und vermehrte Auflage. Von Prof. Dr. **K. Wirtz,** Darmstadt. Mit 432 Textabbildungen und 7 Tafeln. (577 S.) 1921. Berichtigter Neudruck. 1922.   Gebunden 20 Goldmark

---

Lehrkurs für Radio-Amateure. Von **Hellmuth C. Riepka,** zweiter Vorsitzender des Deutschen Radio-Clubs. 160 Seiten mit 151 Textabbildungen. 1925.   Gebunden 4.50 Goldmark

ANZEIGEN

Die oben angekündigte 2. Auflage enthält in 25 Kapiteln eine populär-wissenschaftliche Darstellung des heutigen Standes der Radio-Technik und ist ein vorzüglicher Führer durch das gesamte Radiogebiet.

Morsezeichen, Zeitsignale, Formeln und Tabellen. 18 erprobte, zum Teil neue amerikanische, Schaltungen mit genauen Materialzusammenstellungen zum Selbstbau.

Das Warenverzeichnis enthält die neuesten Apparate und alle erforderlichen Einzelteile zum Selbstbau und eine genauest berechnete Preisliste.

Nur Qualitätsware

Hunderte unverlangte Anerkennungen aus allen Teilen Deutschlands und des Auslandes.

F. Ehrenfeld / Frankfurt a. M. 405

Telegramm-Adresse: Radiofeld   Postscheck-Konto: 4628

MIX
Papier aus verantwortungsvollen Quellen
Paper from responsible sources
FSC® C105338

If you have any concerns about our products,
you can contact us on
ProductSafety@springernature.com

In case Publisher is established outside the EU,
the EU authorized representative is:
**Springer Nature Customer Service Center GmbH
Europaplatz 3, 69115 Heidelberg, Germany**

Printed by Libri Plureos GmbH
in Hamburg, Germany